# 非恒定流条件下丁坝水力特性及冲刷机理研究

喻 涛 王平义 王梅力 陈 里 著

科学出版社

北 京

## 内容简介

本书以山区河流最常用的航道整治建筑物——丁坝为研究对象，在对山区河流坝体类整治建筑物水毁类型、特征及原因进行统计分析的基础上，采用现场调研、理论分析、仿真模拟和概化水槽模型试验的研究手段，对非恒定流条件下丁坝水流结构、紊动特性、受力分布、坝体及其周围河床冲刷的变化规律进行了较系统和深入的研究。这些研究成果为山区河流丁坝设计及其周围水沙运动规律的研究提供相应的理论基础和技术支持，对于提高航道整治建筑物的稳定性及确保航道整治工程的质量和效果具有重要的参考价值与指导意义。

本书可供从事航道整治、河床演变、流域规划与管理等方面研究的科技人员及高等院校有关专业的师生参考。

**图书在版编目(CIP)数据**

非恒定流条件下丁坝水力特性及冲刷机理研究 / 喻涛等著. —北京：科学出版社，2018.11
ISBN 978-7-03-057303-2

Ⅰ. ①非… Ⅱ. ①喻… Ⅲ. ①丁坝-水利工程-研究 ②丁坝-水力冲刷-研究 Ⅳ. ①TV863

中国版本图书馆 CIP 数据核字（2018）第 086097 号

责任编辑：张 展 唐 梅 / 责任校对：韩雨舟
责任印制：罗 科 / 封面设计：墨创文化

科学出版社 出版
北京东黄城根北街16号
邮政编码：100717
http://www.sciencep.com

成都锦瑞印刷有限责任公司印刷
科学出版社发行 各地新华书店经销
*
2018年11月第 一 版 开本：B5（720×1000）
2018年11月第一次印刷 印张：9.25 插页：10页
字数：200千字

**定价：78.00元**
（如有印装质量问题，我社负责调换）

# 前　言

长江是货运量位居全球内河第一的黄金水道，但目前长江航运潜能尚未充分发挥，高等级航道占比不高，中上游航道梗阻问题突出，高效疏运体系尚未形成。长江航道建设是长江水运发展的基础，若要充分发挥长江运能大、成本低、能耗少等优势，就必须加快推进长江干线航道系统治理。航道整治成败的关键在于治理效果，而整治建筑物的稳定性是确保治理效果的重要基础，目前内河航道整治中已建整治建筑物受损或破坏的问题较为突出，如岷江、大渡河、嘉陵江已建的300多座整治建筑物大多出现了不同程度的水毁破坏。当整治建筑物出现水毁溃决时，滩势形态将会迅速恶化，甚至引起河流变迁改道，危及船只安全，造成海损事故。因此，为更好地弄清山区通航河流丁坝破坏的机理，有效地预防或减少水毁灾害的发生，急需研究解决非恒定流作用下丁坝水力特性及冲刷机理，提出增强丁坝稳定性的措施，对于指导山区河流航道整治、防洪护岸和环境治理等工程，保障长江黄金水道的畅通具有十分重要的意义。

本书为国家自然科学基金项目“非恒定流作用下山区通航河流丁坝水毁机理及计算仿真研究”(51079165)的主要研究成果，采用调研总结、理论分析、仿真模拟、水槽模型试验等研究手段，在对寸滩水文站日平均流量过程进行随机模拟的基础上，对非恒定流条件下丁坝水流结构、紊动特性、受力分布、坝体及其周围河床冲刷的变化规律进行了较为系统的研究。全书共7章。第1章为绪论，指出研究目的与意义，介绍国内外研究现状并进行简要的述评。第2章为长江上游航道整治建筑物损毁类型及特征，对长江上游整治建筑物类型及损毁基本情况、不同类型整治建筑物损毁特点和整治建筑物损毁影响因素及原因进行系统分析和总结。第3章为天然河流日均流量过程的随机模拟，对寸滩水文站连续55年日平均流量过程进行分析，应用两变量Gumbel-logistic模型和自回归马尔可夫模型(AR模型)，得到不同水文因素遭遇组合下的不同重现期的洪水随机过程，为模型试验研究奠定基础。第4章为概化模型试验设计及试验设备，给出模型设计的依据及比尺的确定方法，介绍试验使用的设备，确定试验方案及内容。第5章为非恒定流条件下丁坝水流结构及紊动特性研究，从丁坝附近水流流态、水面线及平均流速分布规律、三维流速及紊动强度变化等方面进行系统研究，并给出涨水期与落水期丁坝上下游跌水高度、坝头流速及坝轴线断面主流区流速分布公式。第6章为非恒定流条件下丁坝稳定性及受力特性研究，对坝面块石稳定性进行理论分析，通过实测数据分析坝体所受动水压力及脉动压力沿时间及整个测区的变化和分布情况，对比分析不同时刻坝体受力紊动强度分布规律，并指出丁坝水毁主要发生在洪峰流量及流量较大的落水期的原因。第 7 章为非恒定流条件下丁坝冲刷机理研究，在对丁坝水力特性有了较全面认识的基础上，通过非恒定流条件下丁坝动床试验，分析坝体块石滚落塌陷的特点及坝头冲刷坑发展及变化过程，弄清坝头局部冲刷的敏感因素，在此基础上建立非恒定流条件下散抛石坝冲刷坑深度计算公式，并通过实例计算表明该公式具有较高的计算精度，可以用于工程实际。

参加本课题研究及本书编写的人员主要有：喻涛、王平义、杨成渝、李晓玲、张秀芳、王梅力、陈里、张可、苏伟、门永强、韩林峰、杨振华、张帆、杜飞等。在项目研究过程中得到了国家自然科学基金委员会、重庆交通大学、长江航道局、长江航道规划设计研究院等单位的领导和专家的关心及大力支持，在此深表感谢。

囿于撰写时间仓促，加之作者和研究者水平有限，书中难免存在不足之处，敬请有关专家和广大读者批评指正。

作者

2018 年 10 月

# 目　录

# 第1章 绪　论

## 1.1 研究目的与意义

我国山区通航河流众多，如长江上游、嘉陵江、乌江、岷江、澜沧江、西江等。这些河流坡陡流急、泥沙颗粒粗、级配宽，航道弯曲狭窄，通航条件差。为此，近几十年来我国对上述河流开展了大量的整治工作，除修建水利枢纽，提高航道等级外，整治措施大多以筑坝和疏浚相结合并辅以护岸。这些整治建筑物起到了修整河形、稳定洲滩、塞支强干、调整分流角和分流比、减缓比降、改善流态等作用。但受水沙动力、结构设计、人类活动及维护管理等因素的影响，整治建筑物经常出现水毁现象，如岷江、大渡河、嘉陵江已建的300多座整治建筑物大多出现了不同程度的水毁破坏。当整治建筑物出现水毁溃缺时，滩势形态将会迅速恶化，甚至引起河流变迁改道，危及船只安全，造成海损事故(唐银安和吴安江，1997)。

丁坝是山区河流最常用的航道整治建筑物，布置在砂卵石浅滩上的抛石丁坝是常见的几种丁坝类型之一。布置在砂卵石浅滩上的抛石丁坝因河床基础条件差，受洪水、水利枢纽泄洪等形成的非恒定水流的冲击、水流的渗透、泥沙和漂木的撞击等，坝体水毁十分严重。根据调查发现，20世纪90年代，泸州至重庆段航道整治工程中80%左右的抛石整治建筑物出现了不同程度的水毁现象，其中水毁最为严重的是抛石丁坝。丁坝损毁可分为直接损毁和间接损毁两类：直接损毁主要是由于散抛石坝护面块石的粒径偏小，稳定重量不足，在受到不稳定的中洪水主流、横向环流或斜向水流的强烈冲击时，坝体表面块石逐渐被水流冲移，形成缺口，继而扩大冲深，从而导致坝体的损毁；间接损毁主要是因为散抛石坝周边基础被破坏，导致坝体损坏。有些散抛石坝经常会由于坝基(多为砂卵石)处理不当，导致坝体基础在水流作用下被淘空，使坝体外侧失去支撑或坝根衔接处形成缺口，从而导致坝体损毁(张玮等，2003)。

自20世纪90年代末期以后，部分丁坝坝面开始采用浆砌条石，下部仍为散体块石坝体的结构形式，整治建筑物的水毁现象有所减少。但在一些流速较大、受水流顶冲或某个水位期会集中冲刷的整治建筑物，其水毁现象还是比较常见，特别是每年进入汛期，由于洪水陡涨陡落，洪水波波高大、传播速度快，水流流速加快，水流冲击力加大，流态紊乱，河床变形剧烈，滩险演变非常复杂，出现丁坝基础被淘空、坝体块石从顶部脱落、坝体局部或整体水毁溃缺现象，造成枯水期施工或维护完成的大部分滩险丁坝整治建筑物受到不同程度的破坏(王平义等，2009)。

因此，为更好地弄清山区通航河流丁坝破坏的机理，有效地预防或减少水毁灾害的发生，急需解决非恒定流条件下丁坝水流结构、紊动特性、受力分布、水毁部位和形态特征、坝体块石运动及河床冲刷规律等基础理论问题。该研究成果对指导山区河流航道整治、防洪护岸和环境治理等工程，具有重大的科学意义。

## 1.2 国内外研究现状

### 1.2.1 丁坝水力特性研究现状

丁坝的水力特性研究主要是指，丁坝和水流及其边界的相互作用。1928 年 Windel 对不透水丁坝水槽试验是对单丁坝水力特性的最早的研究，而后苏联 C. T. 阿尔图宁、日本富水正博士和我国南京水利科学研究院做了大量的室内水槽试验研究。应强等(2004)指出，丁坝作用下水力特性的研究包括水流表面形态，上游压缩和下游扩散水流的特性与边界形状，环流、回流形成条件、位置与范围等。同时，还要研究这些水流现象的实质，即水流的某些内部结构。比如势能与动能的相互转化，流速与切应力的分布，作用力与反作用力的平衡条件，紊动与漩涡等原因造成的能量损耗等(Molls and Chaudhry，1995)。

目前对丁坝水力特性的研究方法主要有物理模型试验和数学模型。物理模型试验是按照相似准则，把实际工程缩制成模型，在模型上重演并模拟与原型相似的自然现象，然后进行观测，取得数据，得到模型规律性，从而达到工程成功的目的。数学模型则是以电子计算机为手段，采取反映问题本质的数学方程和相应的定解条件，通过数值计算及其图像显示的方法，达到对工程问题乃至自然界各类问题进行研究的目的。

早在 20 世纪 50 年代初期，国外已经开始对丁坝绕流问题进行理论研究和试验(Ettema and Muste，2004)。然而由于丁坝附近水流流动有强烈的三维特性，所以直至 20 世纪 70 年代仍未能从理论上或试验上准确描述丁坝绕流的一些细节问题。因此在解决丁坝问题时，时常借助于模型试验。丁坝在非淹没情况下其主要作用是束窄河床，提高坝下流速以冲刷浅滩，或者阻挡来流，壅高水位，减缓水流比降。当水流流向丁坝时，受丁坝阻力，使得流速降低、上游比降减缓、水位壅高。当水流到达丁坝位置时，由于河面束窄，比降和流速快速增大。当水流过坝后，由于惯性作用，水流继续收缩，流速和比降迅速变大，水位降低，然后逐渐扩散与天然河流相接，恢复到天然情况。丁坝对水流作用主要产生两种影响：

一是坝头涡系的扩散传播对紊动场的影响；二是对主流时均运动的影响。试验表明：丁坝坝头诱发剪切涡带在向下游传播过程中与主流叠加，形成一条狭长的高能量强冲刷带向下游延伸(高桂景，2006)。坝头涡系的作用和单宽流量集中是坝头冲刷的主要原因。

近几十年来，丁坝绕流研究取得了很大的进展(Molinas et al.，1998)，这些进展主要表现在：对坝后回流区宽度、长度的认识；对丁坝绕流机理的探讨；对丁坝上、下游平面流场的理论探讨；对丁坝局部水头损失和丁坝作用下河床的演变规律以及丁坝绕流的数值模拟等(李洪，2003)。对水面和近坝区流场的研究一般采用原型观测、理论计算和模型试验等方法。目前在航道整治设计中，大多依赖物理模型试验。尽管物理模型可以给人较为直观和比较准确的试验数据，但是物理模型试验研究周期较长。这使多方案之间的比较、调整和优化都受到限制。因此，研究可以借助计算机模拟技术和计算流体力学的最新研究成果。与国内其他行业相比，在航道整治领域，数值计算技术研究较为薄弱，存在一定的差距。近十年来，国外集中大量的精力开发研究了许多计算流体力学软件，其模拟结果得到应用部门的认可，数值模拟方法在工程设计领域得到了越来越多的应用。近年来，国内也引进了一些软件，并在此基础上针对不同应用进行开发，取得了一系列科研和实践进展。

大多数文献中将丁坝绕流分成以下七区：上游壅水区、主流压缩区、主流扩散区、上游角涡区、下游角涡区、下游回流区、水流恢复区。对丁坝回流的研究大多是在下游回流区，即用经验或半经验方法提出一个满意的回流长度计算公式。应强等(2004)指出对下游回流区尺度的理论研究，主要有以下两种方法：第一，是从流体运动的动量方程入手，以主流的收缩扩散段为研究对象，列出脱离体的动量守恒方程，并对主流的水面比降，主流和回流分界线上的紊动切应力等因素提出假设，然后积分求解。第二，即保角变换方法。从事这方面的学者认为，丁坝绕流应遵循二元势流规律，并把丁坝对水流的影响当作挡板置于无限平面内形成的流动问题来处理，用保角变换方法求解分离曲线表达式。保角变换法对丁坝水流的无黏性处理，虽然是比较近似的，但是此法的计算误差可能会很大，特别是当床面的糙率影响较大时。吴小明等(1996)曾在长 16m、宽 0.5、高 0.5m 的活动玻璃水槽上对单侧突扩水流进行了一系列的模拟试验，采用流速测量、流线观测、流场显示等手段，多次对不同尺度回流的水流流态进行观测。观测发现在主流与回流之间存在一个水流紊动强烈的过渡区，主流与回流在此区间发生了剧烈的动量与水体交换。虽然对于丁坝回流长度的研究，已经有了不少成果，但是各家的结果都不一样，有些甚至差别较大，这再一次证明了该问题的复杂性，也说明对丁坝回流区的研究还很不深入。马永军(2013)对以前的研究结果进行分析发现，各家都只是把回流长度和水流边界条件直接联系起来，并没有找出回流长度和水流本身各参数之间的关系。

丁坝附近的局部流态非常复杂，呈现三维紊动特性，所以研究丁坝附近的紊动特性比较困难(崔占峰和张小峰，2006)。高桂景等(2007)对丁坝动能分布进行研究，主要是对不同水平面上的紊动动能分布进行对比。张华庆等(2008)对坝头区及回流区这两个紊动较强烈和集中的区域进行研究，分析其流场特点及紊动动能分布，进而得出两区的紊动特性规律，对丁坝水流机理的认识具有一定意义。吴桢祥等(1994)指出丁坝的阻水作用导致坝前水流形成绕坝水流，水流绕过丁坝头部，其压力梯度、速度旋度的垂直分量以及流线曲率都很大。水流绕坝头一定角度后，其边界层发生分离，分离点以下形成旋转角速度较大的垂直轴漩涡。由于丁坝头部、边界层分离处和下游都是水流流速梯度较大或者水流紊动强烈的地区，所以紊动分布较为密集。丁坝头部是涡源所在，漩涡每隔一段时间发生并往下游移动，在向下游运动的漩涡之间，频繁发生因相互碰撞而破碎或合并的现象。漩涡在平面上的排列及移动路径都是随机的，它们既可侵入回流区，也可以楔入主流区，能量较大漩涡在回流末端以下一定距离才会消散。漩涡的产生、所具有的能量、运动的路径以及消灭的过程都是随机的，因此在丁坝下游较大范围内，水位、流速、流向等因素的脉动量都较大，呈现明显的紊动分布。水流形态是影响紊动动能分布的重要因素，水流梯度、漩涡以及环流的存在都使得紊动动能发生改变。关于丁坝回流区尺度的研究，应强等(2004)指出在丁坝作用后，水流在丁坝上游和下游形成两个回流区，上游回流区较小，下游回流区较大，它对河道水沙条件的改变亦大，故对它的研究较多。

丁坝附近动水总压力和脉动压力的研究。丁坝的存在使得周围的水流状况变得较为复杂。高桂景等(2007)提出受漩涡和水面波动所影响的脉动压力可大大加强瞬时水压力从而导致坝头冲刷和坝体破坏。此外，脉动水流还可以沿泥沙和坝体缝隙传播，使坝头区泥沙在瞬时更易起动。荣学文(2003)通过比较和分析试验数据得出，坝体迎水面所受动水总压力的分布规律是：相同水深情况下动水总压力沿坝体的纵轴线从坝根到坝头逐渐增大，坝头区的动水总压力最大。王平义等(2012)通过一系列试验提出：坝头测压区几个断面的脉动压力在靠近坝头处较大，接着上升到最大值，最后跌落；距坝头较远的测压点，脉动压力变化不大，趋于均匀分布。脉动压力的空间分布是坝头后面有一个较强脉动压力带，然后向左右岸两边递减。随着流量的增大，水流脉动流速也增大。在整个测压区，脉动压力的值都增大，强脉动带的分布范围也越来越大。随着水深的增加，水流流速减小，坝后水流紊动减弱，脉动压力变小。

尽管丁坝在航道整治中有广泛应用，而且运用一维分析方法可以解决其中一些不复杂的情况，但是仍有许多水力学基础问题尚待进一步深入的研究(于守兵等，2012)。比如丁坝附近流动具有很强的三维非恒定流特性，采用一维和二维方法追踪自由水面需要大量近似处理和参数估计工作，这使得对流动条件复杂、尚未建成工程的流动影响的预测变得十分困难。显然一维方法更难以对流场作出精确的描述。而且在试验研究中，一般都采用测压管或旋桨流速仪进行测量(周阳等，2006)，无疑这样的研究手段都难以获得对丁坝附近流场和紊动场信息的精确描绘。

### 1.2.2　丁坝冲刷深度研究现状

丁坝冲刷的研究是一个非常复杂的课题，自 20 世纪 20 年代初著名的水工专家 H.Engels 对此进行过试验以来，不少学者也进行过专门性的试验研究(Kuhnle et al.，2002；Haque，2004；Oliveto and Hager，2005)。但由于丁坝冲刷问题的复杂性，丁坝局部冲深计算大多数还局限在半经验半理论的回归分析计算上(Radspinner et al.，2010；Yossef，2010；Masjedi et al.，2010；Rodrique-Gervais and Biron，2011；Shuttleworth，2012)，也有些学者开始从理论分析的角度出发，提出了一些丁坝冲刷计算的理论公式(Shields and Thackston，1991；Duan，2006；Barkdoll et al.，2006；Duan et al.，2011)。

早在 20 世纪 60 年代，苏联学者马卡维也夫(张俊华，1998)根据水槽丁坝模型试验资料得出适用于细沙河流的丁坝坝头冲刷公式。对于细沙河床(张俊华，1998)，苏联学者阿尔图宁以水流结构为基础，应用连续原理及泥沙起动和平衡输沙的河流动力学有关理论，根据水槽中正交平板丁坝试验结果，提出了坝头冲刷的计算公式；张红武(1988)根据试验结果，对其进行了率定，应用量纲分析，得到了修正公式，他认为丁坝坝头局部冲刷坑是水流冲刷作用和河床抗冲条件下的矛盾统一体，在冲刷坑形成过程中，作为矛盾的主体水流，流速随着坑深的不断增大而减小，当流速降到床面泥沙粒径的临界起动条件时，冲刷趋向停止，冲刷终止时的坑顶处水深即为冲刷的最大水深，利用泥沙起动平衡理论，根据黄河细沙河床正交直立圆头形丁坝模拟试验结果，推广到一般情况，得到适用于细沙河流丁坝局部冲刷坑最大冲刷深度计算公式。Kuhnle 等(1999)根据牛津大学国家泥沙试验室的水槽试验结果，在 Melville 提出的桥墩局部冲深公式的基础上，提出了适用于正交丁坝的局部冲深公式。Lim 等(1994)根据与水流方向成 90° 的竖墙式丁坝的清水动床试验，应用量纲分析法和试验数据的回归分析法，得到丁坝的最大冲刷深度公式，这类公式还有科罗拉多州立研究小组公式(Kothyari et al.，2007)、M. A. 吉尔(Vaghefi et al.，2012)公式等。

林炳尧等(1996)根据丁坝坝头局部冲刷的终极冲深和冲刷坑深度的发展规律，计算了丁坝坝头局部冲刷在一次水文过程中的最大冲深，并用此方法估算了长江口航道整治工程中 16 条整治丁坝坝头冲刷坑的深度，并与崇明岛丁坝调查结果进行比较发现，估算结果是合理的。应强等(1999)在分析影响冲刷坑深度的变量的基础上,采用因次分析的方法(以正交丁坝为例,其他形式丁坝可作相应修改)确定了冲刷坑深度的表达形式。方达宪等(1992)从坝头附近床沙起冲流速观点出发,通过水槽概化试验和单因素(上游行进水深 $h$、丁坝长度 $D$、床沙中值粒径 $d_{50}$、丁坝挑角 $\theta$ 等)分析回归计算得出起冲流速公式。王军(1998)从丁坝坝头泥沙起冲流速点入手，通过水槽试验和已有文献资料，结合无量纲原理得到冲深公式，最终得出冲刷深度随上游行进流速增加而增加，清、浑水冲刷无明显分界点。苏德慧(1993)通过长历时的水槽试验认为，丁坝周围冲刷坑的发展分为三个阶段：第一阶段主要为马蹄涡冲刷，冲刷迅速，冲刷开始后两个小时内可达最大冲深的40%～50%；第二阶段为垂向涡旋水流冲刷，在冲刷开始后第二至第八小时内，冲刷达最大冲深的 20%～30%；第三阶段由于螺旋水流扩散基本停止，冲深缓慢发展，经过长时间的发展趋于冲刷平衡，并得出恒定流清水试验冲刷深度计算公式。赵世强(1989)认为绕坝水流的下降水流是坝头冲刷的主要动力，并由下降水流的冲刷机理和试验数据导出局部冲刷公式。张义青等(1997)认为丁坝坝头冲刷分为三个阶段：初始段、发展段、平衡段，并通过清水水槽试验和无量纲分析得出冲深公式。

王军(1999)根据流体力学原理、试验现象和数据，从理论分析出发，尝试性地提出了丁坝局部冲深计算理论公式，经与试验结果比较发现：理论公式结构合理，与试验结果相符，从而为半经验半理论回归公式的进一步研究提供了理论基础。王军(2002)依据试验，分析了浑水冲刷下的丁坝冲深变化情况，得出结论：平衡冲刷深度与加沙量无关；局部冲刷深度在变化的过程中，有一个较大值，并且该值大于平衡值；上游水流速度增加，冲深增加；坝高增加，冲深增加，但最大冲深不出现在非淹没情况；随水深增加，冲深先增后减。沈波(1997)通过丁坝局部冲刷试验结果和地形特征分析，结合水力学基本原理建立了丁坝局部最大冲深公式。黄志才等(2004)以量纲理论为基础，考虑了水深、流速、坝长、丁坝与水流夹角、坝头边坡、泥沙不均匀性等对冲深有影响的因素，通过对国内外试验资料的分析，建立了不漫水丁坝清水冲刷的局部最大冲刷深度的计算公式。沈焕荣等(2011)根据其下降水流的冲刷机理，分析了影响冲深的各种因素，结合现有资料进行比较分析，得出了冲刷深度计算公式。

毛佩郁等(2001)将局部冲刷计算式应用到丁坝坝头和堵口截流冲坑深度的计算，并引用绕板桩渗流场势流理论计算水流绕坝头的单宽流量(或流速)，进而给出了进占堵口或丁坝坝头护脚抛石的稳定性计算式，并验证了冲深与抛石稳定性的计算与实际工程的结果较为一致。冯红春等(2002)通过量纲分析和现有资料建立了非淹没透水丁坝局部冲刷公式。詹义正等(2002)基于丁坝坝头水流结构，提出了坝头绕流挤压流动模式，按流量连续定律最终得出非淹没透水丁坝冲深公式。

汪德胜(1988)通过水槽试验认为：冲深随流速增大而增大，流速大于泥沙起动流速后，速率明显减小，随流速增大而趋于一个极限值；冲深随丁坝挑角而变化，当挑角为上挑 120°时冲深最大，为最不利状态；冲深随坝厚增加，并趋于一限值。程永舟等(2000)分析了群坝的水流结构，并得出群坝冲刷公式。宗绍利等(2007)通过对山区河流丁坝的分析，结合水槽试验，运用量纲分析法得出山区河流丁坝冲深公式。何春光等(2007)通过动床模型试验，对透水丁坝的局部冲刷问题展开了研究，根据典型水沙过程及边界条件下的试验结果，指出了丁坝透水率与冲刷深度之间的关系。高先刚等(2009)通过动床模型试验，对透水丁坝展开了一系列研究，得出了适用于宽浅河道坝头的最大冲刷深度计算公式。周银军等(2009)根据试验观察，当坝前的主槽水流绕过坝头时，坝前水流的环形运动会通过桩式丁坝空隙向坝后水体传递，那么过坝水流受坝前水流的影响，流向指向坝后河底，带动坝后水体产生另一种平行丁坝轴线、强度较弱的平轴螺旋流，这组螺旋流则是形成桩式丁坝桩根部 V 形冲槽的原因，并从桩式丁坝壅水特性出发，建立了透水丁坝冲刷深度计算公式。方达宪(2006)从加强丁坝基础防护措施的抗冲能力来提高丁坝自身的安全观点出发，通过水槽试验结合量纲分析方法得出丁坝基础设置平台加齿坎的冲刷深度计算公式。我国现行的《堤防工程设计规范》(GB50286-98)规定，丁坝冲刷深度计算公式应根据水流条件、边界条件，并应用观测资料验证分析选择，非淹没丁坝冲深计算可按马卡维也夫公式的另一种形式计算。同时，规范规定，如果非淹没丁坝所在河流河床沙质较细，丁坝冲深可按阿尔图宁公式计算。

### 1.2.3　丁坝水毁机理研究现状

航道整治建筑物水毁是世界上许多国家都共同关注的一个问题。21 世纪初开始，国外不少学者对整治建筑物的平面布置和结构形式等问题进行了深入调查和分析(Kuhnle et al.，2008；Azinfar and Kells，2008；Duan 2009；Sharma and Mohapatra，2012；Gimémez-Curto，2012)，为航道整治技术的发展开辟了道路。新中国成立后，我国航道整治工程技术得以飞速发展。目前，国内对航道整治建筑物的研究主要采用概化模型试验、实体模型试验、数学模型计算和实测资料对比分析。专门针对水毁的研究较少，大多数为恒定流作用下的水毁问题研究，而对非恒定流条件下的水毁问题研究很少。

研究丁坝水毁问题的一个主要内容就是研究丁坝坝头冲刷及其附近泥沙的运动等，已有丁坝局部冲刷的研究基本上是基于丁坝模型试验进行的(Conaway，2005；McCoy，2005；Li et al.，2005；Karami et al.，2008；Duan and He，2009)。卢无疆等(2001)通过正态物理模型对长江口深水航道南导堤丁坝群坝头的局部冲刷问题进行了研究，结果表明，坝头局部冲刷主要受落潮流控制，并提出合适的护坦尺度能较好地保护坝头前沿滩地。林发永(2004)针对丁坝回流冲刷，提出利用勾坝结构截断丁坝回流能较好控制回流冲刷坑的发育演变，这是治理丁坝坝身侧冲刷坑比较理想的工程方案。窦希萍等(2008)通过长江口北槽深水航道概化物理模型试验，对清水和浑水的潮流、潮流波浪作用下的丁坝坝头冲刷试验资料进行了分析，得出了不同动力条件下的丁坝坝头冲刷深度。吴学文等(2006)认为丁坝局部冲刷实质主要是坝头的绕流作用，由此建立了坝头绕流挤压流动物理图式，考虑了非均匀沙的起动问题，得出了非均匀河床上的丁坝局部冲深公式。葛跃明等(2006)通过单丁坝防护的沿河公路弯道凹岸冲刷模型试验，指出弯道处布设丁坝位置在45°断面或稍向上游移动时，坝头抗冲效果好。周银军等(2008)通过矩形水槽模型试验，对不同透水率的透水丁坝进行清水冲刷动床试验结果对比分析，得出了透水丁坝的局部冲淤规律。王先登等(2009)通过实地调查发现了丁坝在整治工程中的各种毁坏情况，详细分析了淹没和非淹没状态下丁坝附近的水流流态，进而得出了局部冲刷坑的形成和累积是坝体失稳破坏的主要原因。张我华等(2005)从结构可靠性的角度，详细分析了防护丁坝冲刷的机理和坝体失效的主要影响因素，提出了丁坝抗冲刷破坏的安全(稳定性)准则。张玮等(2003)根据块石粒径与起动流速的关系，指出块石稳定重量与起动流速的高次方成正比，起动流速增长50%可能导致块石稳定重量接近40倍的变化。王平义等(2001)探讨了山区河流航道整治建筑物水毁灾害过程中各物相(固态、液态、气态)之间耦合破坏作用的特征，耦合作用物理模型及仿真模型的概念和关系，为深入研究整治建筑物水毁机理提供理论依据。

随着航道整治技术的快速发展，很多新型结构材料被应用于丁坝防冲设计中，并取得了很好的效果。王明进(1997)通过对长江中下游部分河段丁坝水毁资料进行分析，提出采用四面六边透水框架对丁坝的坝头抛设防护，并进行冲刷试验对比研究，肯定了透水框架的防冲作用。杨火其等(2002)通过调查研究钱塘江河口丁坝坝头防冲异型块体失败案例，结合室内模型试验，提出了坝头异性块体嵌固块石混合料抗冲新方法。林发永(2003)分析了崇明岛环岛丁坝坝体失稳的影响因素，采用砂肋软体排和铰链排护底结构保护坝头，这在环岛保滩工程中得到了广泛应用。陈文江等(2003)在钱塘江北岸海宁强涌潮区海塘建设中，采用了新型的单排桩式丁坝，其能更好地承受涌潮的冲击，不易损毁。随后赵渭军等(2005)从实地观测资料、模型试验和水毁机理研究三个方面作了进一步研究，详细分析了桩式丁坝的减冲促淤效果。张俊华等(2006)认为丁坝坝头局部水流结构是造成丁坝冲刷形态及过程的决定因素，通过丁坝局部模型试验，提出整流桩可以有效改善坝头局部水流结构，进而使冲刷坑深度减小和冲刷部位偏离，以达到稳定坝体的目的。

丁坝的数学模型主要有平面二维水流模型和三维水流模型，初期的丁坝绕流模拟大都从水深平均的控制方程出发，建立平面二维水流模型。二维水流模型一般分为平面二维水流模型和垂向二维水流模型，平面二维水流模型能较好地模拟水流运动和泥沙分布规律，而垂向二维水流模型能较好地模拟垂向流速梯度等垂向变量。沈波(1997)考虑局部环流修正的平面二维浅水波方程和考虑环流输沙的泥沙运动方程，建立丁坝局部冲刷的平面二维数学模型，较好地计算了丁坝局部冲刷，其最大冲深过程线与试验曲线基本吻合。蒋昌波等(1999)采用大涡模拟法，考虑小尺度紊动，忽略 Leaonard 应力项，建立非淹没丁坝绕流的平面二维数学模型，其模拟结果与水槽试验资料基本吻合。李中伟等(2000)采用流函数涡量法来模拟不同流量量级下不同坝长附近的水流流动。就当前来说，涡度模拟法在理论上仍存在某些问题，其模型需要进一步的研究提升。

目前，水动力学二维数学模型发展已较为成熟，国内外都开发了不少水动力学数值模拟软件，使得平面二维模型计算效率有大幅度的提高(Duan，2008；Acharya and Duan，2011)。凌建明等(2006)采用有限元 Galerkin 加权余量法离散模型方程组区求解二维水深平均 $\kappa$-$\varepsilon$ 紊流模型，很好地模拟了绕流丁坝水槽试验中不同工况下丁坝附近的流场分布，结果与物理模型试验结果吻合，这可以为工程中丁坝的防护设计提供指导。潘军峰等(2005)认为在以前的丁坝流场计算中，控制体积法和有限分析法的计算结果漩涡区范围偏小，他们采用边界拟合曲线坐标变换下的平面二维变水深流函数-涡量数值模型，模拟了斜向布置单丁坝和几个丁坝群的绕流情况，为丁坝绕流及局部冲刷的数值研究提供了新思路。Molinas 等(2000)采用二维有限元模型研究了丁坝附近糙率、水深和能坡对附近流场的影响。闫金波等(2007)采用非正交曲线坐标系下的平面二维河道水流数学模型，提高了模型对复杂边界的几何模拟精度，较好地计算了丁坝附近的绕流运动。黄文典等(2005)采用有限元 Galerkin 加权余量法求解淹没丁坝的平面二维水流数学模型，并结合水槽试验数据对二维数学模型进行验证，结果表明模型能很好地模拟丁坝附近的流场结构。Muneta 等(1994)根据平面二维模型计算得到的水深平均流速，采用对数流速分布进行第一次近似，并将结果代入三维运动方程，计算出流速分布，取得较好结果。

由于丁坝附近水流属于典型的三维流动，平面二维水流模型并不能准确反映丁坝附近的垂向水体结构。近年来，越来越多的学者致力于三维水流模型的开发，这使得关于丁坝附近的水流模拟有了进一步的发展。早期的三维水流模型没有状态控制方程，应用于水动力学的三维模型常常考虑静压假定。因此，为了更好地考虑垂向速度分布情况，采用平面坐标网格的非静压假定模型应运而生。彭静等(2002)通过垂向方向引入 Sigma 坐标变换，采用全三维泥沙运动数值模型模拟丁坝局部冲坑的发展过程，验证结果表明模型模拟的坝头冲淤效果较好。

天然河流中的水流运动都存在紊流，所以对于三维水流模拟来说，紊流模拟是很重要的一个部分。林秀维等(1998)采用较简单的Prandtl混合长紊流模型，计算表明模型对丁坝主流和回流有较高的模拟精度。目前大部分模型都采用标准的$\kappa$-$\varepsilon$紊流模型或者修正后的$\kappa$-$\varepsilon$紊流模型和非线性紊流模型。彭静等(2003)将非线性三维紊流模型应用于丁坝绕流的数值模拟中，并与线性三维紊流数值模型进行了对比分析，结果表明，非线性紊流模型在模拟坝头分离流区的流速结构上更精确。吕江等(2005)对钱塘江涌潮水流采用修正的$\kappa$-$\varepsilon$模型封闭Reynolds方程求解，自由表面用体积函数法追踪，并与实测资料进行对比总结，提出了一种涌潮数值模拟的新模式。陈海军等(2007)研究了钱塘江排桩式丁坝在涌潮作用下的受力机理，采用标准$\kappa$-$\varepsilon$紊流模型和体积函数法追踪自由水面，揭示了涌潮压力在时间和空间上的变化规律。崔占峰等(2008)采用三维RNG紊流水沙数学模型，细致模拟了丁坝坝头冲淤情况及周边淤积的位置，冲刷坑形态等，并与实测结果进行对比分析，两者吻合较好。

### 1.2.4 明渠非恒定流研究现状

明渠非恒定流是指流动中的运动要素，如水位、水深、压强、流速、流量或总流的过水断面、水面宽度、水力半径，包括其浓度、温度、能量(在动河床时还有河床高程等)，都是时间及空间坐标的函数，随时间及空间位置变化而变化。

明渠非恒定流研究和其他水动力学问题一样，有理论分析法、借助电子计算机的数学模型法、大比例尺的实体物理模型法以及电拟模型法等方法。理论分析法有线性化法和幂级数法。历史上研究圣维南方程组的求解时，曾采用线性化法简化其中的非线性项(如微幅波法等)，从而可进行解析积分，但这种解析解在应用上受到严格的限制。幂级数法适用于求解线性或非线性微幅波。

由于实际几何边界的复杂性、边界形状的不规则、可动边界以及问题的非线性，除了极少数的情形外，只有简化为线性问题，才有理论解。试验受到场地和技术条件的限制，目前还很难建立一条河、某一长河段的洪水模型(物理模型)，就是对不恒定流的水位的观测尤其是对流量过程较精确、全面的观测记录也是近十几年的事，实验中要启闭闸门放一个给定的流量过程都很难。因此，明渠非恒定流研究主要依赖于数值分析。

近30年来，由于电子计算机的普及和应用，明渠非恒定流的研究特别是特征线理论的运用效率大大提高，通过正确的分析和大量的计算，从大量实测资料中整理出明渠非恒定流的运动规律，并将这些规律应用于工程预报(张二俊等，1982；何少苓和陆吉庚，1998；程永光和索丽生，2003；周晓岚，2010)。一维明渠非恒定流已有通用的程序包，并且比较成熟，河网、分岔河道洪水波演算、电站日调节运用非恒定流均可计算，计算应用了各种差分格式。实际问题有长江、黄河、辽河的演进，三峡、葛洲坝、丹江口水电站日调节问题等。由于水利枢纽上下游水库与河道地形变化，河口潮汐、湖泊风波、城市排水问题需要进行二维计算，故至今特征线理论应用于明渠非恒定流的二维计算也获得了较快的发展。

近十年来，随着明渠非恒定流问题研究的陆续开展，人们开始尝试用物理模型解决明渠非恒定流的问题，取得一定的研究成果。对于明渠非恒定流的传播特性，刘春晶等(2006)认为不同高程水深的流速最大值不同步现象可能是存在的，但是也可能是测量和分析手段造成的，这具有不确定性；胡江等(2009)通过建立的非恒定流试验系统，得出光滑明渠流量-水位关系是一个绳套形曲线，相同水深下，涨水段流量大于落水期段，水深、流量和流速的最大值之间没有明显的相位差。较恒定流而言，非恒定流问题本身复杂，各方面理论都还不成熟，尚需进一步研究和完善。马爱兴(2012)采用理论分析结合水槽试验的手段，研究了在三角波非恒定流过程作用下，粗糙定床面非恒定流的水动力特性、非恒定流作用下均匀砂及砂卵石的起动与输移规律。

### 1.2.5　随机水文学研究现状

研究随机水文过程变化特征的方法，称为随机水文的方法，常称随机模拟法。最早的时间序列分析可以上溯到 7000 年前的古埃及。古埃及人把尼罗河涨落的情况逐天记录下来，对这个时间序列长期的观察使他们发现尼罗河的涨落非常有规律。由于掌握了尼罗河泛滥的规律，使得古埃及的农业迅速发展，从而创造了埃及灿烂的史前文明。随机水文学的萌芽最早可追溯到 20 世纪 20 年代末，Sudler 将写有径流值的卡片进行抽样得到 1000 年径流模拟序列。20 世纪 50 年代初期 Hurst 研究了径流和其他地球物理现象的长期实测序列，他的研究对随机水文学的发展产生了很大的影响。直到 1961 年 Britta 将马尔可夫模型用于年径流模拟，1962 年 Thomas、Fiering 将季节性马尔可夫模型用于月径流随机模拟和 1972 年 Yevjevich 把随机过程的理论和方法系统地应用于水文过程，这标志着随机水文学的成熟。世界各国学者也正在开展这方面的研究，提出了许多随机模型(Schuster and Yakow，1985；Guo，1991；Tung，2000)。20 世纪 80 年代以来，我国以四川大学、河海大学等为代表开展了大量的随机水文学研究工作。

随机水文学的发展史就是随机模型的发展史。目前已形成了各色各样的随机模型，例如自回归滑动平均类求和模型、解集模型、散粒噪声模型、分数高斯噪声模型、快速分数高斯噪声模型、正则展开模型、折线模型、非参数随机模型、小波随机模型、人工神经网络模型等(Singh and Singh，1991；Kelly and Krzystofowicz，1997；Marshall and Olkin，1998)。在建立随机模型时，不少水文学者致力于对水文过程进行概化，有些提出了一些有一定物理基础的随机模型，有些对已有模型作出物理解释。这样的工作加深了人们对随机模型的认识，有助于人们对模型进行合理性分析。为了尽可能利用各种信息，以提高模型的可靠性，引用贝叶斯方法和 Kalman 滤波方法来估计模型参数。目前技术成熟、应用广泛的随机模型，可归纳为如下两类随机模型。

(1) 回归类模型。这类模型结构简单、概念清晰、参数不多、易于实现。其代表为单、多变量平稳和非平稳自回归滑动平均模型。近年来对自回归类模型作了进一步改进工作：如考虑到日流量过程自相关结构在年内各分期内(汛前过渡期、汛期、汛后过渡期、枯期)是相对平稳的，提出了一种分期平稳自回归模型；又如考虑年、月径流分类的模糊性，建立了多站径流随机模拟的模糊自回归模型；为了使模型除反映水文过程的相依特性外，又能反映水文变量边际分布的统计特性(如皮尔逊III型分布，简称 *P*-III型分布)，在广泛应用的线性正态模型基础上提出了各种非线性偏态模型。

(2) 解集类模型。解集模型的特点是能同时保持总量和分量的统计特性和协方差结构，且分量之和等于总量。解集模型可分为单站典型解集模型、空间典型解集模型、单站相关解集模型、空间相关解集模型。近年来，对典型解集模型中的典型选择问题提出了一些行之有效的改进，如聚类、模糊分类、最近邻判别的方式，取得了较好的模拟效果。相关解集模型存在模型参数太多和自相关结构不一致的问题，为此提出了压缩式解集模型、动态解集模型、分布式解集模型、基于准确修正的简单解集模型和非参数解集模型。

近年来，水文学者开展了大量的随机模型研究工作(戴昌军，2005；戴昌军和梁忠军，2006)，取得了有效的成果，其进展包括以下几个方面。

1) 非线性随机模型研究

传统的随机模型一般都是线性的，而水文水资源系统是非线性系统。为客观描述水文序列的非线性特征，有必要研究非线性随机模型。水文学者尝试将门限自回归模型、双线性模型、人工神经网络模型、指数自回归模型等非线性随机模型应用到日流量过程、洪水过程的随机模拟和预测中。研究表明，这些非线性随机模型能表征水文序列的非线性特性。在此基础上，有学者建立了演化算法(遗传算法、蚁群算法)估计非线性随机模型参数，这为模型的方便应用提供了重要的技术支撑。

2) 非参数随机模型研究

常规随机模型是对水文序列的概率分布(正态分布、*P*-III型分布)和相依形式(线性或非线性)作了适当简化和假定，因而有其自身的缺陷。为此，有人提出了非参数随机模型途径。非参数随机模型避免了序列相依结构和概率密度函数形式的人为假定，随机模拟效果较好。对独立时间序列，主要有 Bootstrap 和 Jacknife 两种非参数模型，最近有人提出了非参数贝叶斯随机模型。对相依水文序列，水文学者提出了最近邻抽样随机模型、单变量核密度估计随机模型、多变量核密度估计模型、非参数解集模型等。以年、月、日平均流量序列为例，有人建立了多种非参数随机模型，统计试验表明该类模型能保持总体的线性或非线性相依结构，统计特性也保持得很好。与此同时，有人对非参数随机模型进行了进一步改进，提出了最近邻抽样扰动随机模型和改进的非参数解集模型。

3) 多变量季节性自回归模型

对于多变量季节性水文序列，其各种统计参数随年内季节而变，显示出非平稳性。和单变量季节性水文序列类似，对于多变量季节性水文序列可以建立多变量季节性自回归模型(multivariate seasonal autoregressive model，MSAM(肖义等，2007；冯平等，2009；冉啟香和张翔，2010))。

4) 其他随机模型研究

20 世纪 80 年代初兴起的小波分析(wavelet analysis)具有时频多分辨率功能，能充分挖掘水文序列中的信息。近十年来，有学者开展了基于小波分析的随机模型研究。为模拟日流量过程，有人提出了基于小波变换的组合随机模型，该模型模拟出的日流量过程能反映其真实的变化特性。考虑年径流的多时间尺度特征，有人将小波分析与自回归模型结合建立了年径流随机模拟的组合模型。有学者将小波分析与人工神经网络模型结合提出了小波网络模型，并在径流随机模拟和预测中得到了成功应用。最近有学者将小波分析与非参数解集模型结合并应用于月径流随机模拟中，取得了较好的成果。

有学者基于 Copula 函数构建了洪峰和洪量的联合分布(赵英林，1997；郭生练等，2008；侯芸芸和宋松柏，2010)，提出了基于联合分布的随机模拟方法。模拟的洪水过程能保持实测洪水的变化特性。近 10 年来随机水文学获得快速发展，其显著特点是：①我国社会经济和水利水电事业蓬勃发展，对工程的规划、设计、建设、管理提出了更高和更多的要求，为了适应新形势，满足新要求，随机水文学方法和模拟序列不断地获得了应用，这种日益增多的实际应用无疑促进了随机水文学的发展；②在科技进展日新月异的当代，新的理论、技术和方法不断涌现出来，新的理论、技术和方法从多方面被引入随机水文学中，其结果是丰富了随机水文学内容，推动了随机水文学的发展；③生产、科研和教学单位人员有机结合，共同承担与随机水文学有关的工作，并取得了丰硕成果，这不仅充实、完善了原有内容和技术，而且提出了新技术和新方法，为随机水文学的发展奠定了坚实基础。总而言之，随着随机水文学在各方面的应用和理论研究的不断深入，它必将有更大、更快的发展。

### 1.2.6 小结

国内外对丁坝水力特性、局部冲刷和水毁问题的研究基本上都是在恒定来流条件下进行的，对受非恒定流作用下真实的、复杂的丁坝破坏机理的研究极少。实际工程中丁坝遭受的是非恒定流的作用，而非恒定流运动规律也很复杂，且以往受限于试验条件，对于非恒定流的研究多局限于数值计算方面，少量关于非恒定流的物理模型研究其流量过程也多为规则的正弦波或三角波过程。对于多变量遭遇下洪水频率的研究多着眼于洪水量值(洪峰流量、洪水总量等)，很少从过程的角度进行研究，研究成果不能较好地解决实际中的丁坝水毁问题。山区河流洪水及水利枢纽泄洪等形成的非恒定水流对丁坝的破坏作用较恒定水流，情况更加严重和复杂，特别是每年进入汛期，由于洪水陡涨陡落，水流条件变化剧烈，流态紊乱，泥沙冲淤变化大，这对丁坝等整治建筑物的稳定性造成很大影响。因此，研究天然洪水过程作用下丁坝的水力特性及冲刷机理是很有必要的。

# 第2章　长江上游航道整治建筑物损毁类型及特征

## 2.1　整治建筑物类型及损毁基本情况

### 2.1.1　已建航道整治建筑物基本情况

长江上游宜宾至宜昌河段全长1045km，习惯称为“川江”，属大型山区河流，是沟通大西南与华中、华东地区以及沿海各地的唯一水运干线。中华人民共和国成立前本河段基本处于天然状态，以滩多、流急、水乱而闻名于世，航道条件恶劣，特别是宜昌至巫山河段处于峡谷之中，两岸重峦叠嶂，航道弯曲狭窄，水势汹涌，礁石棋布，自古以来就有“天险”之称。

中华人民共和国成立后，党和国家高度重视对长江水运的开发和运用，特别是20世纪70年代以来加大了对川江河段航道治理力度，至20世纪90年代中期先后完成了“兰巴段”“兰叙段一期”“兰叙段二期”等长河段的系统治理工作。整治工程的实施基本消除了绞滩现象，航道尺度不断提高，满足了当时经济、社会发展的需求。

从20世纪90年代中期开始，随着三峡工程的开工建设和国家西部大开发战略的实施，为充分发挥长江“黄金水道”航运效益，促进沿江经济又好又快发展，长江上游河段先后启动了6个航道整治项目，即长江三峡工程施工期变动回水区航道整治工程（“7250”工程）、涪陵至铜锣峡河段炸礁工程、铜锣峡至重庆娄溪沟河段炸礁工程、长江泸州纳溪至重庆娄溪沟河段航道建设工程以及长江宜宾合江门至泸州纳溪河段航道建设一、二期工程。

根据目前调研的资料显示，长江上游已进行了4次较系统的长河段治理工程（“兰叙段”一期工程、“兰叙段”二期工程、“7250”工程及“泸渝段”整治工程），其他单滩治理工程约50个。截至2009年，共建成坝体航道整治建筑物92座，具体见表2-1。此外，据不完全统计，在2010年底前进行竣工验收的长江宜宾合江门至泸州纳溪河段航道建设一、二期工程建成坝体整治建筑物12座，这使得长江上游坝体建筑物达到104座。

表 2-1 长江上游已建坝体整治建筑物统计表

| 序号 | 已建工程名称及内容 | 航道整治建筑物 | 工程结构 | 竣工时间 |
|---|---|---|---|---|
| 1 | “泸渝段”整治工程 | 金钟碛上丁坝 | 抛石坝体、铰链排盖面 | 2009 年 |
| 2 | | 金钟碛下丁坝 | 抛石坝体 | |
| 3 | | 瓦窑滩上潜坝 | 抛石坝体 | |
| 4 | | 瓦窑滩下潜坝 | 抛石坝体 | |
| 5 | | 神背嘴小罐口堵坝 | 抛石结构、条石坝面 | |
| 6 | | 神背嘴 1#丁坝 | 抛石结构 | |
| 7 | | 神背嘴 2#丁坝 | 抛石结构 | |
| 8 | | 神背嘴 3#丁坝 | 抛石结构 | |
| 9 | | 神背嘴 4#丁坝 | 抛石结构 | |
| 10 | | 神背嘴 1#潜坝 | 钢丝石笼结构 | |
| 11 | | 神背嘴 2#潜坝 | 抛石结构 | |
| 12 | | 神背嘴 3#潜坝 | 抛石结构 | |
| 13 | | 关刀碛上丁坝 | 抛石坝体砼坝面 | |
| 14 | | 关刀碛下勾头丁坝 | 抛石结构 | |
| 15 | | 鲤鱼碛顺坝 | 抛石坝体、条石坝面 | |
| 16 | | 鲤鱼碛潜坝 | 抛石结构 | |
| 17 | | 斗笠子岛尾坝 | 抛石结构 | |
| 18 | “7250”工程 | 上洛碛 1#勾头丁坝 | 抛石坝体、条石坝面 | 2003 年 |
| 19 | | 上洛碛 2#丁顺坝 | 抛石坝体、条石坝面 | 2003 年 |
| 20 | | 上洛碛 3#丁坝 | 抛石坝体、条石坝面 | 2003 年 |
| 21 | | 上洛碛 4#丁坝 | 抛石坝体、条石坝面 | 2003 年 |
| 22 | | 青岩子丁顺坝 | 抛石坝体、条石坝面 | 1999 年 |
| 23 | “兰叙段”二期工程 | 买米石上丁坝 | 抛石结构 | 1997 年 |
| 24 | | 买米石上丁坝 | 抛石结构 | 1997 年 |
| 25 | | 铜鼓滩丁顺坝 | 抛石结构 | 1993 年 |
| 26 | | 油榨碛上丁顺坝 | 抛石结构 | 1993 年 |
| 27 | | 油榨碛上丁顺坝 | 抛石结构 | 1993 年 |
| 28 | | 吊鱼嘴丁顺坝 | 抛石结构 | 1993 年 |
| 29 | | 香炉滩丁坝 | 抛石结构 | 1993 年 |
| 30 | | 香炉滩上潜坝 | 抛石结构 | 1993 年 |
| 31 | | 香炉滩下潜坝 | 抛石结构 | 1993 年 |
| 32 | | 风簸碛潜坝 | 抛石结构 | 1996 年 |
| 33 | | 风簸碛碛头坝 | 抛石结构 | 1995 年 |
| 34 | | 风簸碛碛尾坝 | 抛石结构 | 1995 年 |

续表

| 序号 | 已建工程名称及内容 | 航道整治建筑物 | 工程结构 | 竣工时间 |
|---|---|---|---|---|
| 35 | “兰叙段”二期工程 | 红灯碛上顺坝 | 抛石结构 | 1995 年 |
| 36 | | 红灯碛下顺坝 | 抛石结构 | 1996 年 |
| 37 | | 螃蟹碛 1#导流坝 | 抛石结构 | 1991 年 |
| 38 | | 螃蟹碛 2#导流坝 | 抛石结构 | 1991 年 |
| 39 | | 螃蟹碛 3#导流坝 | 抛石结构 | 1991 年 |
| 40 | “兰叙段”一期工程 | 火焰碛丁坝 | 抛石 | 1988 年 |
| 41 | | 神背嘴碛头坝 | 抛石 | 1989 年 |
| 42 | | 叉鱼碛顺坝 | 抛石结构 | 1989 年 |
| 43 | | 叉鱼碛勾头丁坝 | 抛石结构 | 1990 年 |
| 44 | | 莲石滩顺坝 | 抛石结构 | 1979 年<br>1989 年 |
| 45 | | 红花碛上潜坝 | 抛石结构 | 1992 年 |
| 46 | | 红花碛下潜坝 | 抛石结构 | 1992 年 |
| 47 | | 斗笠子锁坝 | 抛石结构 | 1988 年 |
| 48 | | 斗笠子顺坝 | 抛石结构 | 1988 年 |
| 49 | | 东溪口碛头坝 | 抛石结构 | 1989 年 |
| 50 | | 哑吧碛潜坝 | 抛石结构 | 1990 年 |
| 51 | | 哑吧碛顺坝 | 抛石结构 | 1990 年 |
| 52 | | 母猪碛碛头坝 | 抛石结构 | 1991 年 |
| 53 | | 甑柄碛丁顺坝 | 抛石结构 | 1988 年 |
| 54 | 其他整治工程 | 石棚称杆碛上丁坝 | 抛石结构 | 1979 年 |
| 55 | | 石棚称杆碛下丁坝 | 抛石结构 | 1979 年 |
| 56 | | 石棚称杆碛顺坝 | 抛石结构 | 1979 年 |
| 57 | | 火焰碛碛头坝 | 抛石结构 | 1980 年 |
| 58 | | 小米滩上丁坝 | 抛石结构 | 1979 年 |
| 59 | | 小米滩下丁坝 | 抛石结构 | 1979 年 |
| 60 | | 小米滩上潜坝 | 抛石结构 | 1981 年 |
| 61 | | 小米滩下潜坝 | 抛石结构 | 1981 年 |
| 62 | | 瓦窑滩碛头坝 | 抛石结构 | 1979 年 |
| 63 | | 冰盘碛丁坝 | 抛石结构 | 1979 年 |
| 64 | | 神背嘴大罐口堵坝 | 抛石结构 | 1960 年 |
| 65 | | 叉鱼碛强盗坝 | 抛石结构 | 1960 年 |
| 66 | | 燕子碛丁坝 | 抛石结构 | 1977 年 |
| 67 | | 苦竹碛丁坝 | 抛石结构 | 1972 年 |
| 68 | | 眉毛碛碛尾坝 | 抛石结构 | 1971 年 |

续表

| 序号 | 已建工程名称及内容 | 航道整治建筑物 | 工程结构 | 竣工时间 |
|---|---|---|---|---|
| 69 | | 车亭子锁坝 | 抛石结构 | 1974 年 |
| 70 | | 车亭子顺坝 | 抛石结构 | 1978 年 |
| 71 | | 生板堆上丁坝 | 抛石结构 | 1974 年 |
| 72 | | 生板堆下丁坝 | 抛石结构 | 1974 年 |
| 73 | | 渣角碛头坝 | 抛石结构 | 1975 年 |
| 74 | | 黄家碛丁坝 | 抛石结构 | 1971 年 |
| 75 | | 铁门坎丁坝 | 抛石结构 | 1978 年 |
| 76 | | 粗柄碛丁坝 | 抛石结构 | 1978 年 |
| 77 | | 老马凼上丁坝 | 抛石结构 | 1971 年 |
| 78 | | 老马凼下丁坝 | 抛石结构 | 1976 年 |
| 79 | | 忠水碛尾顺坝 | 抛石结构 | 1960 年 |
| 80 | 其他整治工程 | 灶门子丁顺坝 | 抛石结构 | 1960 年 |
| 81 | | 钓鱼嘴潜坝 | 抛石结构 | 1986 年 |
| 82 | | 蚕背梁导流坝 | 抛石结构 | 1973 年 |
| 83 | | 铁门坎锁坝(含磨盘石锁坝) | 抛石结构 | 1960 年 |
| 84 | | 簸箕子丁坝 | 抛石结构 | 1978 年 |
| 85 | | 吊脚楼子丁坝 | 抛石结构 | 资料不详 |
| 86 | | 折桅杆丁顺坝 | 抛石结构 | 1970 年 |
| 87 | | 东洋子顺坝 | 抛石结构 | 资料不详 |
| 88 | | 庙基子拦石坝 | 抛石结构 | 1990 年 |
| 89 | | 蚂蟥溪堵口坝 | 抛石结构 | 1960 年 |
| 90 | | 喇叭滩拦石坝 | 抛石结构 | 1978 年 |
| 91 | | 宝子滩堵口坝 | 块石砼结构 | 1978 年 |
| 92 | | 下马滩导流坝 | 抛石结构 | 1956 年 |

### 2.1.2 已建坝体类型及功能

据统计，目前长江上游已建坝体整治建筑物主要有丁坝、顺坝、锁坝和潜坝等类型，其中已建整治建筑物中含丁坝(丁顺坝)共 41 座，顺坝(导流坝、碛头和碛尾坝)共 27 座，潜坝(丁潜坝)共 15 座，锁坝(堵坝和拦石坝)共 9 座，长江上游已建坝体整治建筑物组成见图 2-1。

坝体整治建筑物的主要作用为束水、导流、导沙和固滩等。据统计，长江干线已建坝体整治建筑物主要有丁坝、顺坝、锁坝、潜坝等类型，丁坝、顺坝、潜坝由护底(上游坝体有的无护底)、坝体、坝面、坝头、坝根组成；锁坝两端接岸或江心洲，没有坝头，有两处坝根。各类坝体整治建筑物的基本功能如下。

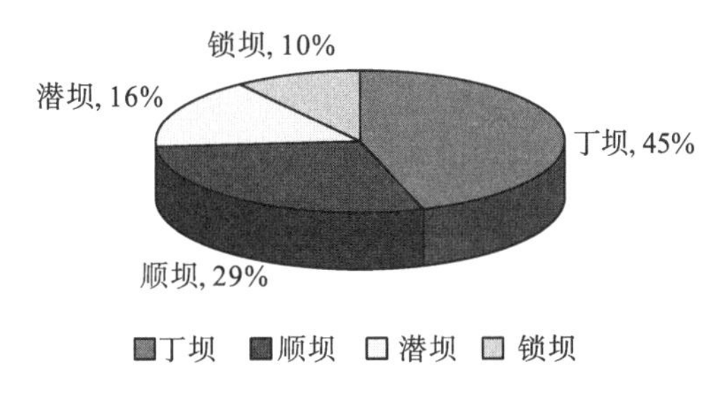


图 2-1　长江上游已建坝体整治建筑物分类图

1. 丁坝

丁坝是最常见的航道整治建筑物。丁坝坝根通常情况下与河岸连接，坝头伸向河心，坝轴线与水流方向正交或斜交，在平面上与河岸构成丁字形，形成横向阻水的整治建筑物。它的主要作用是：未淹没时束窄河槽，提高流速冲刷浅区；淹没后造成环流，横向导沙，调整分汊河道的分流比、控制分流、淤高河滩、保护河岸；挑出主流以防顶冲河岸和堤防等。

2. 顺坝

顺坝是一种坝轴线沿水流方向或与水流交角很小的建筑物，起引导水流、束窄河床的作用，故又称导流坝。顺坝的整治效果取决于顺坝的位置、坝高、轴线形态及其与水流的交角，其中位置和线形尤为关键。顺坝一般沿整治线布置，施工后若需调整整治线宽度，就很难更改，所以确定位置时应特别慎重。顺坝的作用主要有：①调整急弯，规顺岸线，促使航槽稳定。对于一些不规则的河岸引起的乱流，也可用顺坝构成新的河岸，平顺水流，改善流态。②堵塞倒套、尖潭。③堵塞支汊，调整汇流上的交汇角。④沿整治线束窄河宽。⑤拦截漫滩水流。

3. 潜坝

潜坝是指在最枯水位时均潜没在水面下不碍航的建筑物，有潜丁坝、潜锁坝等几种类型，它的作用是：壅高上游水位，调整比降，增加水深；促淤赶沙，减小过水断面和消除不良流态等。

4. 锁坝

锁坝是从一岸到另一岸横跨河槽及串沟的建筑物，又名堵坝。在分汊河道上为了集中水流冲刷通航汊道，或在有串沟的河汊上不使串沟发展，可在非通航汊道上或串沟上修建锁坝，这种措施又称“塞支强干”。

### 2.1.3 已建整治建筑物工程结构特征

抛石坝是用块石抛筑而成，使用广泛，可在任何水力条件的河流中使用，其施工较简单，维护方便，是国内外采用最普遍的一种形式。特别是在山区河流中，整治建筑物基本上采用抛石坝。通过对长江上游已建整治建筑物统计可知，已有的坝体整治建筑物中有98%的坝体采用抛石丁坝的工程结构，部分采用条石坝面的结构及混凝土坝面结构。

现有整治建筑物的施工设计过程中，对抛石坝的材料、粒径、丁坝的断面尺寸、丁坝的纵坡均有一定的要求。例如，据川江的实践经验，块石在采用机械化施工时，大块石一般不小于100kg，坝顶采用不小于800kg的块石压顶保护坝面，在采用人工施工时，块石都小于 100kg，其露出枯水的部位，根据块石的大小采用干砌或浆砌来加强坝体的整体性；坝体的横断面多呈梯形，迎水坡为1∶1.5～1∶1，背水坡为1∶2.5～1∶1.5，坝顶宽度为1～4m等。但对于坝体基础的处理没有特别的规定，大部分的抛石坝在施工过程中，直接对工程区进行抛石。从实际的调研成果来看，部分坝体虽然采用条石坝面或混凝土坝面，但因坝体基石的冲刷流失，使得坝根被淘空，坝体的稳定性较差，甚至在坝根淘空处被水流冲断，坝体水毁。

因此，抛石坝在施工设计过程应着重对坝体底部进行设计，不仅要有对坝面整体性加强的措施，更应该有对坝体底部整体性加强的工程措施，使得坝体在底部附近尽量减少河床因冲刷导致基石的流失，或在坝体底部附近即使产生局部的冲刷也能使坝体的整体性保持不变。

## 2.2 不同类型整治建筑物损毁特点

长江上游航道整治建筑物主要为无护底散抛石坝，坝体结构形式基本相同，但由于其整治功能各异，其承受的水流作用力也存在较大差异，由此造成建筑物发生损毁的部位、损毁程度和破坏时间等也有很大的差别。

### 2.2.1 丁坝

图 2-2 是分别将丁坝损毁部位分为坝根段、坝体中段、坝头段、护岸以及坝面、迎水坡、迎水坡坡脚、背水坡、背水坡坡脚、坝头坡、坝头坡坡脚进行统计，发现丁坝损毁部位主要位于背水坡及其坡脚、坝头坡及其坡脚、坝面。另外，目前，长江上游丁坝带有护岸(护岸坝)的整治建筑物有 7 处，其中有 5 处对坝根以

及护岸进行过维修加固。

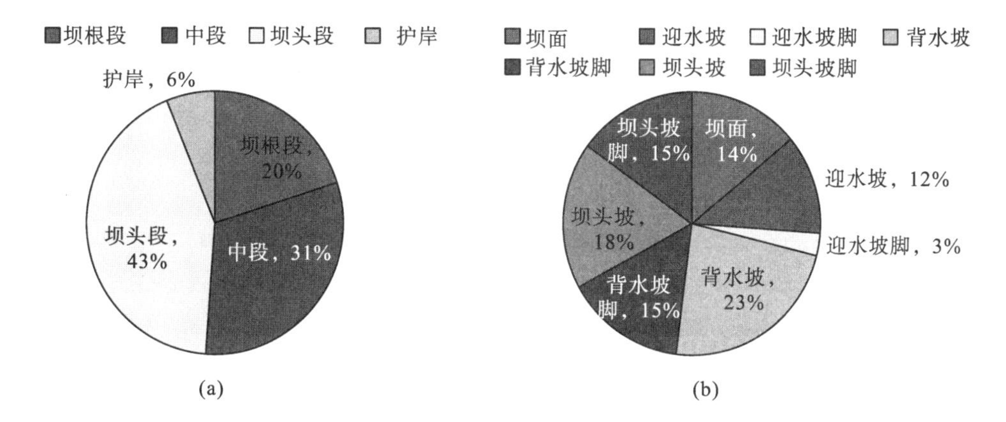


图 2-2　丁坝损毁部位统计

1. 坝头及坡脚

丁坝坝头一般处于主流区内，起调整水流流向、加强浅区冲刷力度的作用。一般情况下，丁坝坝头与主流交角较大，水流流速大，流态紊乱，三维性强，泡漩乱水丛生，损毁的概率较高，破坏也相对较严重。坝头在上升水流作用下，坝体块石容易被水流带走流失；在下切水流作用下，坝头处河床淘蚀严重，易出现较大冲刷坑，造成坝体块石松动、脱落，滚入冲刷坑内造成坝头破坏(图 2-3)。

图 2-3　小南海生板滩上丁坝坝头破坏

2. 背水坡及坡脚

丁坝上游阻水作用明显，在一定水位期水流翻坝下切，容易造成背水坡外侧河床冲刷剧烈，形成明显冲刷坑。背水坡坡面块石出现松动，滑落，出现破坏，在水流持续作用下破坏面不断向坝轴线方向发展，引起坝面下部出现空洞，进而引起坝面的破坏(图 2-4)。

图 2-4　关刀碛上丁坝背水坡破坏

3. 坝面

坝面破坏主要是由水流顶冲作用、河床推移质磨损、漂浮物的撞击以及下部坝体失稳、沉陷引起的。

4. 坝根

由于丁坝一般与河岸相连，在坝体和岸坡衔接部位容易形成回流等不良流态，淘蚀岸坡造成串沟发育，在水流持续作用下串沟逐渐扩大冲深形成缺口，造成了坝根破坏(图 2-5)。

图 2-5　小米滩上丁坝坝根破坏

5. 护岸(坝)

丁坝坝根接岸处土体较松散，虽在丁坝建设时对岸坡进行了守护，但中洪水期护岸受水流顶冲，加之坝根处回流等不良流态淘蚀岸坡，导致护岸坍塌(图 2-6)。当丁坝与堤防等人工建筑物相接时，由于堤防对局部水流流态扰动较大，护岸也易发生垮塌(图 2-7)。

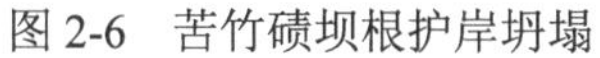

图 2-6　苦竹碛坝根护岸坍塌

图 2-7　与堤防相接后小米滩下丁坝护岸坍塌

## 2.2.2　顺坝

由于顺坝受水流顶冲作用较小，一般都是受近坝流等次生流态的影响，局部边坡出现破坏，坝体总体上保存较完整。将顺坝损毁部位分为坝根段、坝体中段、坝头段以及坝面、迎水坡、迎水坡坡脚、背水坡、背水坡坡脚、坝头坡、坝头坡坡脚进行统计，发现损毁部位主要集中在坝头和两侧边坡等部位(图 2-8)。对于修建在碛坝上的顺坝也常因坝体埋入碛坝的长度和深度有限，而出现坝根段破坏。

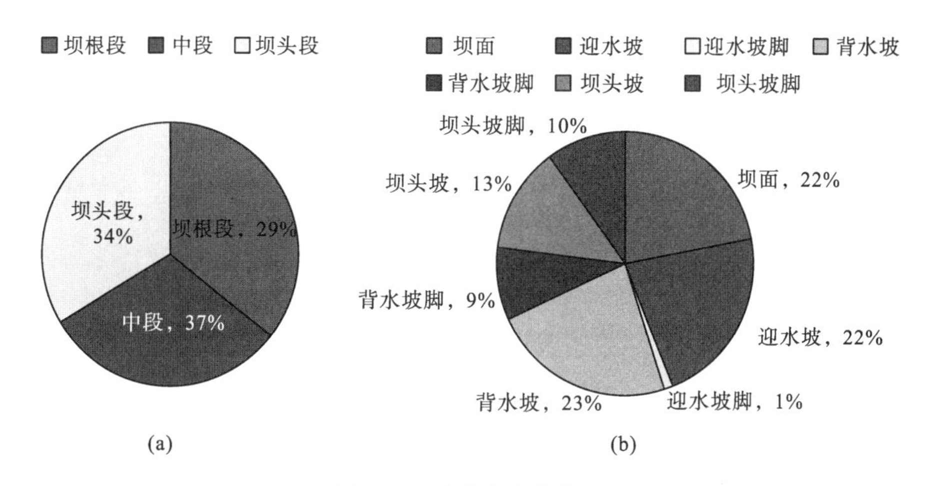


图 2-8　顺坝损毁部位统计

1．坝头

顺坝坝头部位斜向水流和绕流发育，易引起坝头块石失稳，被水流冲走造成坝头段的破坏(图 2-9)。

图 2-9　小南海滩眉毛碛顺坝坝头破坏

2．坝身

顺坝附近近坝流等次生流态发育，容易引起边坡块石松动、滑落造成顺坝破坏。此外在一定水位期，顺坝两侧也受到翻坝水下切作用影响，造成边坡外侧河床冲刷变形，出现局部深坑，引起坝体块石失稳，脱离原位，造成坝体坡面破坏或坝面的悬空破坏(图 2-10)。

(a) 神背嘴滩秤杆碛顺坝坝面悬空破坏

(b) 小南海滩车亭子顺坝边坡淘刷破坏

图 2-10　顺坝坝面破坏照片

3．坝根

建于江中洲体上的顺坝，坝根埋置在碛坝内，坝根也常因埋入碛坝的长度和深度有限或江心洲岸坡条件较差而出现坝根段破坏。

## 2.2.3　潜坝

潜坝损毁类型主要是：①坝顶高程降低，如哑巴碛潜坝、香炉滩上潜坝，推测可能是床沙推移质磨损较严重，引起坝面损毁，从而导致坝顶高程降低；②背水坡淘刷，潜坝多用于封堵副汊，阻水作用十分明显，通常情况下坝体上下游水位差较大，易形成跌水、回流、泡漩等不良流态，坝体背水坡坡脚容易出现冲刷坑，坡脚块石失稳，出现松动、塌落，从而引起坝体的破坏；③坝体与岸坡相连部位的毁坏，封堵副汊的潜坝多与碛坝相连，岸坡地质条件较差，而该部位水流紊乱，不断冲刷，与坝体之间形成串沟，碛坝滩面直接面临主流淘刷，导致碛坝、整治建筑物垮塌。

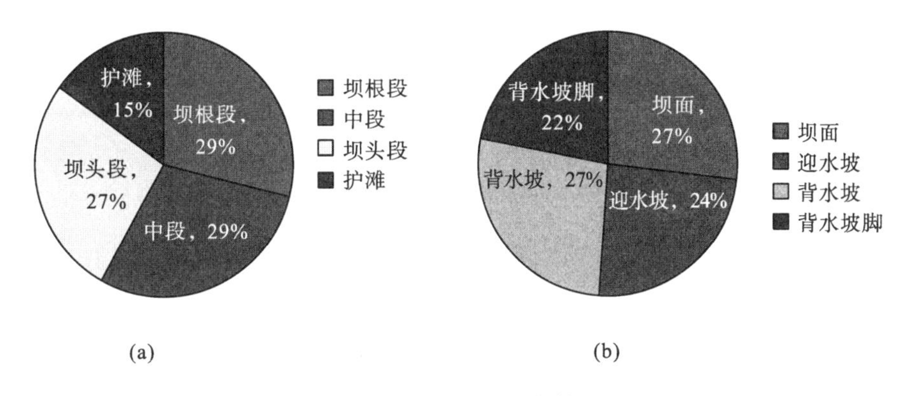


图 2-11　潜坝损毁部位统计

## 2.2.4　锁坝

分别将顺坝损毁部位分为坝根段、坝体中段、坝头段以及坝面、迎水坡、迎水坡坡脚、背水坡、背水坡坡脚、坝头坡、坝头坡坡脚进行统计(图 2-12)，发现损毁部位主要集中在受水流顶冲的坝体部分，坝体在水流的冲击和翻坝水持续作用下易出现破损，然后不断发展扩大、冲深，最终形成明显缺口和在背水坡外侧形成冲刷坑，见图 2-13。

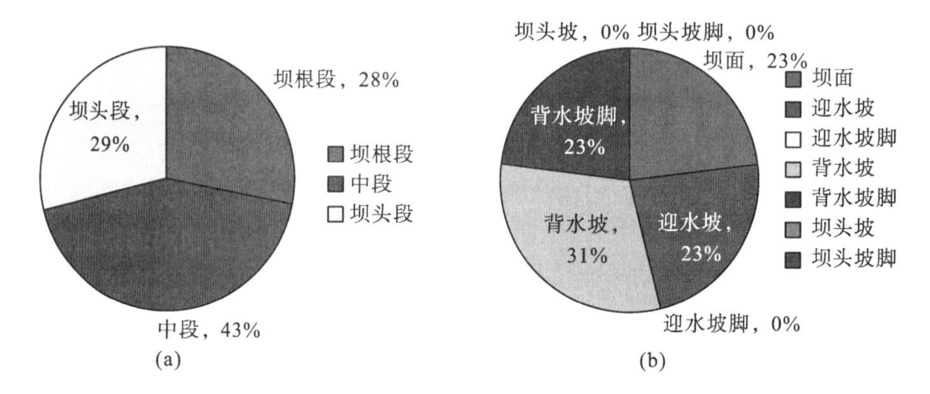


图 2-12 锁坝损毁部位统计

图 2-13 小南海滩车亭子锁坝坝身破坏

## 2.3 整治建筑物损毁影响因素及原因

### 2.3.1 整治建筑物损毁的主要影响因素

航道整治建筑物是为了调整水流，消除乱水、急流等不良流态，改善通航条件。尤其是坝体类航道整治建筑物，在调整水流的同时，也承受了较大的水流作用力，损毁的概率也较高。有关研究分析和工程实践表明，造成坝体损毁的因素主要包括水力因素、河演因素、设计因素、施工因素、人为因素、其他因素六个方面。各因素影响下的主要破坏特征如下。

1. 水力因素

水流条件是影响坝体稳定，造成坝体损毁最常见和最主要的因素。坝体整治建筑物是在与水流的对抗过程中体现其整治功能的，因此，长时间运行的整治建筑物发生水毁是必然的。水流对坝体的常见破坏形式主要包括：急流顶冲、横向冲刷、坝后淘刷等。

1) 急流顶冲

凡地处中洪水主流顶冲点上的整治建筑物，在汛期承受着很大的冲击力，在着力点处，局部集中冲刷是整治建筑物破坏的主要动力。破坏过程先是坝顶或坡面出现单个或多个缺口剥落流失，形成小缺口，之后缺口扩散冲深，坝体断裂，破坏越来越严重。

2) 横向冲刷

导流顺坝、堵顺坝、封弯顺坝前沿因受弯道横向环流的作用将坝基(多为砂卵石)淘空，致使坝体外侧失去支撑，导致坝体在自重作用下，失去平衡而塌陷破坏。此外，汊道进出口和急流进口是横向环流发育的河段，在该处修建的洲头坝和堵口坝承受着较强的横向冲刷，横比降越大、分流量越大，坝体承受的冲击力越强、破坏越严重。

3) 坝后冲刷

丁坝、锁坝迎背水前后水位差值较大。中水期坝后流速大、冲刷力强，坝后护坡块石常被急流剥落，坝基基脚常被淘空，失去支撑导致产生不均匀沉降或偏移，从而导致整治建筑物上部结构产生破坏。

### 2. 河演因素

河床演变也是造成整治建筑物损毁的重要原因，通常由于河床演变而引起的整治建筑物破坏有两种形式：由于局部河床变形而引起的坝体损坏；由于床沙输移而引起的坝体损坏。

1) 河床变形作用

洪水期间，不仅有水流的破坏作用，而且水流中挟带大量床沙，造成河床淤高，促使岸边河床形态再造，特别是在弯道处，床沙堆积于凸岸，从而改变主流位置和方向，对凹岸产生极大的冲刷作用，将加剧结构物的破坏。通常坝体基础附近河床在水流的作用下发生冲刷，随着冲刷坑的增大，逐渐威胁坝基稳定，随着坝基的破坏，坝体由于失去支撑而发生垮塌。

2) 推移底沙作用

山区河流推移底沙颗粒较粗，输移时间长，与建筑物的相互作用激烈，建筑物砌体面层磨损严重，加剧了建筑物的破坏作用。一般破坏区域集中在坝面、坝体转角坡面和坝基附近坡面。表层压载层的损毁将导致坝体大面积损坏，坝体坡面和坝基的损坏也都会引起坝体的整体破坏。

### 3. 设计因素

设计是航道整治建筑物修筑的依据，在设计工作中要对整治建筑物易损毁区域考虑足够的强度或者明确使用时限。设计因素主要包含以下几个方面。

(1)地处在急流顶冲点上的坝体和护脚棱体,因断面尺寸偏小,导致工程水毁。

(2)坝根位置偏低。坝轴(坝根段)与上游来水交角偏大,水流顶冲力相对较大;坝根与自然河岸岸坡连接处常因纵坡较缓，而使坝根顶部溢流时间提前，此时坝下无水垫消能，导致后坡冲刷，引起水毁(如买米石上、下丁坝)。

(3)整治建筑物大多由抛石构成，结构松散、整体性差、渗漏量大。在急流冲击下，块石容易逐个逐层剥落，最后解体；设计选择建筑石料强度低，耐磨性差，易风化水解。

### 4. 施工因素

航道整治建筑物的施工过程就是其“生产”的过程，“生产”过程的严格与否直接影响“产品”的质量，因此必须严格控制施工质量。根据以往工程经验，施工对整治建筑物稳定性的影响主要包含以下几个方面：

(1)水下不可见项目施工质量影响；

(2)施工观测不足，未根据水流变化及时调整施工方案；

(3)未对施工过程合理分期；

(4)未能严格按照设计和相关规范要求进行施工。

### 5. 人为因素

人类在整治建筑物附近的生产、生活活动也会对整治建筑物的稳定性产生影响，主要表现在以下几方面。

(1)随意采挖砂卵石。沿江村民为获取眼前利益，常在坝根处开挖沙石，将基脚挖空，形成隐患。

(2)拾取水柴，撬拗坝顶块石。洪水期，随洪流漂移的苦枝残根，常卡落在丁坝、顺坝、洲头坝等坝体的缝隙中，村民为拾取柴火，用钢钎随意撬拗石块，抽取水柴，使坝体松动，密实度降低，咬合功能减弱，洪水一到，极易成为水毁的突破口。

(3)无序的围河造地，护岸保土。沿江村民为了各自的利益，随意地筑堤围地，破坏了天然河流的动态平衡，危及河势和稳定。如2009年小米滩上、下丁坝就是由于人们在进行河堤护岸施工时，航道设施保护意识淡薄，施工弃土堆至河道内，造成两道坝体坝根段损毁严重。

6. 其他因素

航道整治建筑物的破坏过程和影响因素都是十分复杂的。比如漂浮物的撞击，尤其在山区河流中洪水期流速较大，常有木材漂浮物顺流而下，这些漂浮物依赖于水流的水力作用，对整治建筑物形成强大的冲击力，造成建筑物砌体从顶部或坡面开始破坏，然后逐层剥落，出现断裂，形成溃缺。还有风、浪作用，山区整治建筑物常处于极为恶劣的自然环境中，风化、侵蚀现象较为常见；另外，风、洪水、船只等形成的波浪对建筑物产生巨大的间歇往复作用力，威胁整治建筑物的安全。

## 2.3.2 整治建筑物损毁主要原因

1. 坝体损毁特点

根据已有资料分析和整治建筑物维修资料统计可以看出，长江上游已建坝体破坏主要有以下几个特点。

(1) 由于建筑物坝头、坝根等部位的基础和泥沙常年受到水流的冲刷和侵蚀作用，底部河床容易被淘空，建筑物在其自身重力作用下失稳，造成建筑物的局部或整体崩陷、塌落。

(2) 已建坝体常处于极为恶劣的自然环境中，风化现象较为严重。

(3) 建筑物与固体颗粒经常彼此相互磨损，尤其处在卵石输移带上的建筑物磨损尤为激烈。

(4) 抛石坝体块石常在水流和漂浮物的冲击下，以滑动和滚动的形式脱离原位，被推到下游河滩堆积。

(5) 建筑物在水流或漂浮物的冲击作用下，砌体从顶部开始逐层剥落，最终溃决。

(6) 局部坝体的整体损毁，往往是多种局部水毁因素共同作用在一起，或是单一水毁因素未得到及时修复而扩大蔓延所致。

2. 坝体损毁的主要类型

长江上游山区河流地形复杂，水流湍急，水流流速分布极为不均，坝体的损坏形式多种多样。如按损毁原因可分为直接损毁和间接损毁两类。直接损毁主要是由于散抛石坝护面块石粒径偏小，稳定重量不足所致，在受到中洪水主流、横向环流或斜向水流强烈冲击时，由于坝体表面块石重量不够而逐渐被水流冲移，形成缺口，继而扩大冲深，最终导致坝体的损毁。间接损毁主要起因于散抛石坝周边基础破坏，如一些散抛石坝经常会由于坝基(多为砂卵石)处理不当或者受到冲刷，在水流的长时间作用下被淘空，使坝体外侧失去支撑或坝根衔接处形成缺口，从而导致坝体损毁。

如按散抛石坝的损毁部位，大致可分为局部损毁及整体损毁两类。其中，局部损毁又可分为坝头、坝身以及坝根损毁三类。

3. 坝体损毁的原因

1) 坝头破坏

(1) 推移质磨蚀。山区河流水流急，推移质强度大，粒径粗，输移时间长，与建筑物的相互作用剧烈。如长江上游小南海河段，河床质平均粒径为 6cm，据实地考察，凡地处在卵石输移带上的建筑物，其面层均被磨蚀得凹凸不平，30～40cm 厚的建筑块石在 3～4 年内可磨损 1/3～1/2。原因是沙砾石的硬度远比建筑物砌体大，所以推移质强烈冲刷坝头，从而导致坝头的坍塌(图 2-9)。

(2) 基础冲刷。平顺微曲河段上建成的顺坝，坝头较为稳定，而建在急弯河道上的顺坝水毁程度较大，损毁过程是：基础冲刷—边坡坍塌—坝顶坍塌。在急弯河段，泡漩水强度大，底蚀力强，极端情况下冲刷坑深达 7～8m。如母猪碛顺坝在 2006 年泸渝段进行维修时就曾发现坝体中段出现严重破坏，缺口达 150m 左右，坝体背水坡坡脚出现明显冲刷坑，坝体块石滑落至冲刷坑内的情况。

2) 坝身破坏

(1) 急流顶冲。地处中洪水主流顶冲部位的散抛石坝，汛期承受着强大的水流冲击力，在着力点处，局部集中冲刷是散抛石坝破坏的主要动力。实测表明，在顶冲点处，中洪水行进流速可达 5～6m/s，因而结构松散的散抛石坝极易被水流逐个剥落，导致溃决。破坏过程先是坝顶顶面出现单个或多个块石剥落流失，形成小缺口，之后缺口扩展冲深，坝体断裂，破坏越来越严重(图 2-13)。

(2) 横向环流的侧向侵蚀。在一些封弯顺坝、导流顺坝、堵顺坝、洲头坝、丁坝、弯道护岸棱体前沿，往往存在较强的横向环流，它侧向扫刷迎水坡(主要是中水傍蚀，其次为低水淘蚀)，逐步将坝基(多为砂卵石)前脚淘空，使坝体外侧基础失去支撑保护，导致抛石坝坝体在自身重力作用下，失去平衡而塌陷。

(3) 斜向水流冲刷。汊道进出口和急弯河道进口处是斜向水流发育的河段。修建在汊道分流口的洲头坝和急弯河道的堵口坝，其坝身承受着较强的水流冲刷。横比降是斜向水流的动力条件，横比降越大，斜流越强，坝体承受的冲击力越大，破坏力越烈。横向流弱的坝体部位较稳定；横向流强的坝体部位水毁较重。如渣角碛头坝，因地处两汊河道分流口，横流强度大，流速 2～3m/s，冲刷历时长达 6 个月，日夜不停，其流向与坝轴交角为 30°～40°，加之推移质的磨蚀和维护修补不及时，初期为多处坝面剥落流失，之后是多个浅小缺口。该坝在 2006 年泸渝段维修时，头部段长 80 余米的坝身被毁得面目全非。水毁后支汊分流比增大，主河道分流比减少，导致航道水深不足，回淤较重。

3) 坝根破坏

(1) 坝根嵌埋处处理不当。坝根端部大多嵌埋入台地边缘坡脚的砂卵石岸坡内，而砂卵石结构岸坡抗冲蚀力弱，水流首先淘刷台地坡脚带走沙石，形成浅小缺口，后继续扩大冲深，导致水流绕流泄流。另外在一些工程施工中，由于种种原因对坝根端部未作任何处理甚至没有嵌埋，也是坝根破坏的一个重要原因。

(2) 坝根位于水流顶冲点处。在某些散抛石坝的设计中，坝位在水流转向点的下游，坝根段轴线与上游来水的交角明显增大，水流顶冲力就相对增大。破坏开始时坝面块石逐个剥落移位，形成浅小缺口，然后日渐扩大，冲蚀河底，形成大溃缺口；另一种形态是坝面块石被推移到背水坡后，散乱堆积，状如棋子般散落，块石可被推移数十米远。

(3) 坝根基础开挖不够。坝根基础开挖深度一般为 0.5～1.0m。有些坝基开挖深度不够，其高程高于水流冲刷线高程，导致坝根基础被冲刷损毁。因此为确保坝根稳定，坝根基础宜开挖到冲刷线以下。

(4) 人工挖沙、采石。随着城乡建筑业的不断发展，沿江村民为获取眼前利益，汛期过后，常在坝根和坝基处开挖沙石出售，将基脚挖空，形成隐患。另外，随洪流漂移的枯枝残根常卡落在丁坝的缝隙中，村民为拾取柴火，用钢钎随意撬动石块，抽取水柴，使坝体松动，密实度降低，从而导致坝体的失稳，产生损坏。

4. 其他损毁原因分析

1) 坝位布置不当

丁坝坝位布置不当，正好处于中洪水集中冲刷区，丁坝坝轴线与中洪水主流交角过大或局部水毁缺口未及时修补，常导致整个坝体的崩毁。

2) 断面尺寸偏小

地处在急流顶冲部位的坝体和护脚棱体，如果设计断面尺寸偏小，则容易在汛期时产生坝体的整体失稳。

3) 坝体偏角失当

一般情况下，淹没期丁坝在偏角向下游时，在坝根与河岸交界处易产生淘刷，从而引起坝体的水毁。在一些散抛石坝的坝根与自然河岸连接处纵坡较缓，当水位上涨时，坝上、下游水位差较大，上游壅水翻坝，从而使坝根顶部溢流时间提前，这样就会由于此时坝下无水垫消能，溢流直接冲刷坝根背水坡，造成坝根的破坏。

4) 施工质量

施工质量控制不到位是散抛石坝的破坏因素之一。建筑石料的硬度、重量、几何尺寸及抛筑密实度、块石级配、断面尺寸等，均直接影响散抛石坝的整体性和稳定性。由于散抛石坝为抛石筑成，施工如果不加注意，导致坝体结构松散、整体性差、渗流量大，在急流冲击下，块石容易逐个逐层剥落，从而导致坝体解体。

5) 忽视维护

整治建筑物竣工后，丁坝、顺坝、洲头坝、洲尾坝等在水沙运动的作用下，难免有局部的冲蚀、塌陷、断裂、块石滚落流失等。这些变化当属正常，关键在于及时发现、及时修补，以保持坝体的完整性、抗冲性，不能因小利而误大局。观察表明，有些损毁过程是较为缓慢的，若在初期能及时发现，迅速修复，大规模损毁是可以避免的，可以将损失减小到最低限度。

# 第3章　天然河流日均流量过程随机模拟

天然河流的流量过程既受到确定因素作用，又受到随机因素影响，具有一定的随机性，因此，是一个随机过程。同时因其总体特性(均值、方差等)随时间而变化，所以，严格意义上它属于非平稳随机过程。

前已述及丁坝水毁主要是由于洪水陡涨陡落引起的，为了真实地模拟在水流作用下丁坝周围水沙运动及坝体水毁现象，本章应用自回归马尔可夫模型(AR模型)对天然河流日均流量这一非平稳随机过程进行模拟，为模型试验研究奠定基础。

## 3.1　寸滩站日均流量过程分析

天然河流流量资料选用1954～2008年长江上游寸滩水文站的日均流量，寸滩水文站位于长江与嘉陵江交汇处下游，属于国家一级水文站，控制着长江上游百分之六十以上水量，是长江上游重要的水沙控制站，也是三峡水库的干流入库控制站(王玲和易瑜，2003)。在模拟天然流量过程之前，首先对实测流量过程的特征参数进行分析。

### 3.1.1　水文资料的审查

为了确保研究成果的实用性，在使用资料之前，先要对原始资料的可靠性、一致性、代表性和独立性进行审查(邱大洪，2004)。

(1)可靠性审查：使用资料全部来源于1949年以后寸滩水文站实际观测资料，且水尺位置、零点高程、水准基面均未变动，因此，所用数据资料是可靠的。

(2)一致性审查：使用流量资料均为寸滩水文站实测，无其他水文站相关及插补资料，这保证了资料具有较好的一致性。

(3)代表性审查：使用流量资料年数为55年，远大于要求的连续实测数据最小年数20年，包括了大、中、小等各种洪水年份，并有寸滩建站以来最大洪水(1981年)的流量资料，说明资料具有很好的代表性。

(4)独立性审查：由于样本数足够多，在实际计算抽取特征值时，可以满足独立随机取样的要求。

### 3.1.2 日均流量过程统计参数估计

日均流量系列的统计参数主要有均值、均方差、相邻日自相关系数、自回归系数等，下面根据实测日均流量数据计算其统计参数：

第$j$天的流量均值：

$$\bar{q}_j = \frac{1}{n}\sum_{i=1}^{n} q_{i,j} \quad (j=1,\ 2,\ \cdots,\ 365) \tag{3-1}$$

第$j$天的流量均方差：

$$S_j = \sqrt{\frac{\sum_{i=1}^{n}\left(q_{i,j} - \bar{q}_j\right)^2}{n-1}} \tag{3-2}$$

第$j$天的相邻日均流量自相关系数：

$$\gamma_{j,j-1} = \frac{\sum_{i=1}^{n}\left(q_{i,j} - \bar{q}_j\right)\left(q_{i,j-1} - \bar{q}_{j-1}\right)}{\sqrt{\sum_{i=1}^{n}\left(q_{i,j} - \bar{q}_j\right)^2 \sum_{i=1}^{n}\left(q_{i,j-1} - \bar{q}_{j-1}\right)^2}} \tag{3-3}$$

第$j$天的自回归系数：

$$b_j = \frac{\gamma_{j,j-1} S_j}{S_{j-1}} \tag{3-4}$$

其中，$n$为统计的样本数。

统计参数计算结果见表3-1。

**表3-1 日均流量系列统计参数计算结果**

| 天数 | 多年平均流量 | 均方差 | 相邻日自相关系数 | 自回归系数 |
|---|---|---|---|---|
| 1 | 3872.18 | 503.12 | 0.978 | 1.020 |
| 2 | 3820.73 | 470.92 | 0.976 | 0.959 |
| 3 | 3759.45 | 413.00 | 0.977 | 0.947 |
| 4 | 3707.64 | 386.15 | 0.972 | 0.926 |
| 5 | 3704.91 | 384.26 | 0.963 | 0.956 |
| 6 | 3730.18 | 411.18 | 0.955 | 0.975 |
| ⋮ | ⋮ | ⋮ | ⋮ | ⋮ |
| 361 | 3981.64 | 405.81 | 0.950 | 0.909 |
| 362 | 3951.82 | 441.93 | 0.959 | 0.987 |
| 363 | 3947.27 | 430.90 | 0.928 | 0.971 |
| 364 | 3907.09 | 470.08 | 0.974 | 0.945 |
| 365 | 3887.64 | 462.02 | 0.978 | 1.020 |

### 3.1.3 日均流量过程频率计算

通过分析原型观测及试验室资料发现，对丁坝破坏程度影响较大的水文要素为最大洪峰流量、洪水总量、一次洪水流量变幅及持续时间等，下面对各水文要素作统计频率分析，为流量过程的随机模拟做好准备。

找出实测资料中各年最大洪峰流量和半月最大洪量，由大到小排列，并计算其累积频率，结果见表 3-2。

表 3-2 寸滩站年最大洪峰流量及半月最大洪量经验频率计算表

| 序号 | 年最大洪峰 | | 年半月最大洪水 | | 经验频率/% |
|---|---|---|---|---|---|
| | 流量/($m^3$/s) | 模比系数 | 总量/(d·$m^3$/s) | 模比系数 | |
| 1 | 84300 | 1.776 | 673200 | 1.418 | 1.8 |
| 2 | 63500 | 1.338 | 672300 | 1.416 | 3.6 |
| 3 | 62000 | 1.306 | 624600 | 1.316 | 5.4 |
| 4 | 61700 | 1.300 | 621400 | 1.309 | 7.1 |
| 5 | 60500 | 1.275 | 621300 | 1.309 | 8.9 |
| 6 | 60400 | 1.273 | 615900 | 1.297 | 10.7 |
| 7 | 59900 | 1.262 | 595500 | 1.254 | 12.5 |
| 8 | 59200 | 1.247 | 585800 | 1.234 | 14.3 |
| 9 | 58500 | 1.233 | 576300 | 1.214 | 16.1 |
| 10 | 57700 | 1.216 | 572800 | 1.207 | 17.9 |
| 11 | 57000 | 1.201 | 566300 | 1.193 | 19.6 |
| 12 | 56100 | 1.182 | 547200 | 1.153 | 21.4 |
| 13 | 55300 | 1.165 | 544500 | 1.147 | 23.2 |
| 14 | 54600 | 1.150 | 540600 | 1.139 | 25.0 |
| 15 | 53900 | 1.136 | 532900 | 1.122 | 26.8 |
| 16 | 53800 | 1.134 | 515300 | 1.085 | 28.6 |
| 17 | 53600 | 1.129 | 515200 | 1.085 | 30.4 |
| 18 | 53100 | 1.119 | 505300 | 1.064 | 32.1 |
| 19 | 52800 | 1.112 | 503700 | 1.061 | 33.9 |
| 20 | 51600 | 1.087 | 501900 | 1.057 | 35.7 |
| 21 | 51400 | 1.083 | 501700 | 1.057 | 37.5 |
| 22 | 50200 | 1.058 | 495100 | 1.043 | 39.3 |
| 23 | 50200 | 1.058 | 485400 | 1.022 | 41.1 |
| 24 | 49800 | 1.049 | 484400 | 1.020 | 42.9 |
| 25 | 49300 | 1.039 | 483700 | 1.019 | 44.6 |
| 26 | 48300 | 1.018 | 482500 | 1.016 | 46.4 |

续表

| 序号 | 年最大洪峰 | | 年半月最大洪水 | | 经验频率/% |
| --- | --- | --- | --- | --- | --- |
| | 流量/($m^3$/s) | 模比系数 | 总量/(d·$m^3$/s) | 模比系数 | |
| 27 | 47200 | 0.994 | 477900 | 1.007 | 48.2 |
| 28 | 46800 | 0.986 | 477000 | 1.005 | 50.0 |
| 29 | 46600 | 0.982 | 474200 | 0.999 | 51.8 |
| 30 | 46500 | 0.980 | 471600 | 0.993 | 53.6 |
| 31 | 46100 | 0.971 | 471300 | 0.993 | 55.4 |
| 32 | 45800 | 0.965 | 460800 | 0.971 | 57.1 |
| 33 | 45500 | 0.959 | 458700 | 0.966 | 58.9 |
| 34 | 43600 | 0.919 | 457900 | 0.964 | 60.7 |
| 35 | 43400 | 0.914 | 447000 | 0.942 | 62.5 |
| 36 | 42500 | 0.895 | 437800 | 0.922 | 64.3 |
| 37 | 42300 | 0.891 | 428500 | 0.903 | 66.1 |
| 38 | 42000 | 0.885 | 423900 | 0.893 | 67.9 |
| 39 | 39900 | 0.841 | 420600 | 0.886 | 69.6 |
| 40 | 38300 | 0.807 | 410800 | 0.865 | 71.4 |
| 41 | 38200 | 0.805 | 403300 | 0.849 | 73.2 |
| 42 | 37700 | 0.794 | 398800 | 0.840 | 75.0 |
| 43 | 37600 | 0.792 | 396100 | 0.834 | 76.8 |
| 44 | 37600 | 0.792 | 389900 | 0.821 | 78.6 |
| 45 | 37500 | 0.790 | 389200 | 0.820 | 80.4 |
| 46 | 36800 | 0.775 | 385600 | 0.812 | 82.1 |
| 47 | 36600 | 0.771 | 385600 | 0.812 | 83.9 |
| 48 | 36300 | 0.765 | 385000 | 0.811 | 85.7 |
| 49 | 35000 | 0.737 | 366200 | 0.771 | 87.5 |
| 50 | 33900 | 0.714 | 350200 | 0.738 | 89.3 |
| 51 | 33600 | 0.708 | 348300 | 0.734 | 91.1 |
| 52 | 32600 | 0.687 | 324500 | 0.684 | 92.9 |
| 53 | 32500 | 0.685 | 308700 | 0.650 | 94.6 |
| 54 | 29600 | 0.624 | 303000 | 0.638 | 96.4 |
| 55 | 28300 | 0.596 | 294300 | 0.620 | 98.2 |

分别计算寸滩站年最大洪峰流量均值($\bar{Q}$)、年半月最大洪水总量均值($\bar{W}$)及其变差系数：

$$\bar{Q}=\frac{1}{n}\sum_{k=1}^{n}Q_i=47436.36\ \mathrm{m^3/s} \tag{3-5}$$

$$\bar{W}=\frac{1}{n}\sum_{k=1}^{n}W_i=474754.54\ \mathrm{d\cdot m^3/s} \tag{3-6}$$

$$C_{V_Q}=\sqrt{\frac{\sum\left(K_{i_Q}-1\right)^2}{n-1}}=0.23 \tag{3-7}$$

$$C_{V_W}=\sqrt{\frac{\sum\left(K_{i_W}-1\right)^2}{n-1}}=0.2 \tag{3-8}$$

选用皮尔逊Ⅲ型曲线对寸滩站年最大洪峰流量和年半月最大洪水总量经验点进行适线，得到理论累积频率曲线，分别见图 3-1 和图 3-2。

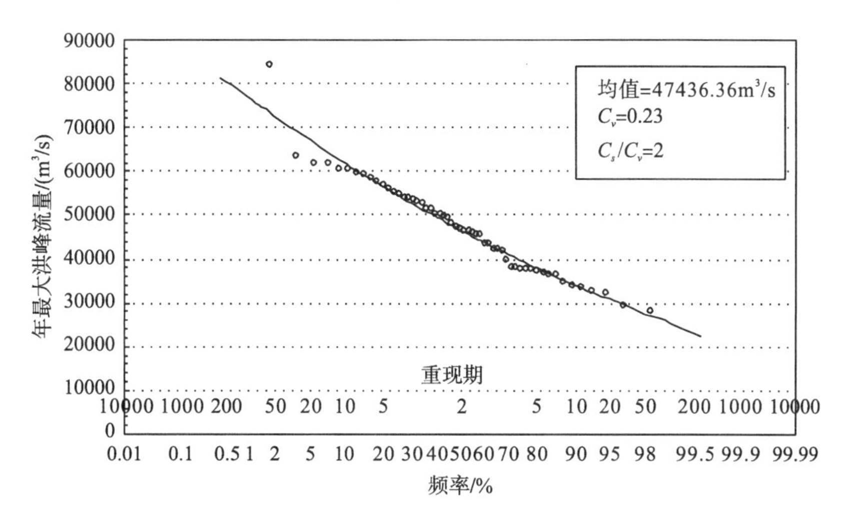


图 3-1　寸滩站年最大洪峰流量累积频率曲线

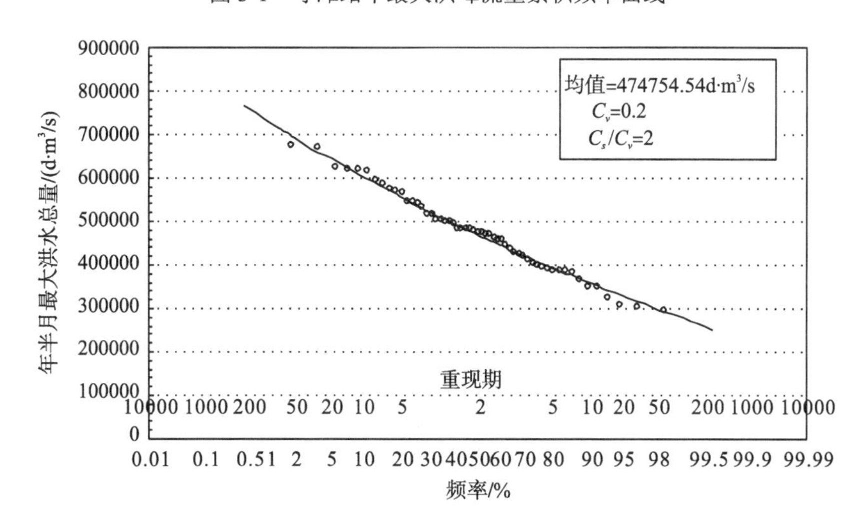


图 3-2　寸滩站年半月最大洪水总量累积频率曲线

一次洪水流量变幅及持续时间由有效洪水周期来表征，一次洪水流量变幅不小于当年日均流量的 1/4，则此次洪水计作一个有效洪水周期。统计出寸滩站 55 年来的有效洪水周期数，计算其累积频率并作出累积频率曲线图，分别见表 3-3 和图 3-3。

**表 3-3　洪水有效周期统计参数**

| 年有效洪水周期数 | 55 年间出现次数 | 出现频率/% | 累积频率/% |
|---|---|---|---|
| 19 | 2 | 3.57 | 3.57 |
| 18 | 1 | 1.79 | 5.36 |
| 17 | 2 | 3.57 | 8.93 |
| 16 | 2 | 3.57 | 12.50 |
| 15 | 5 | 8.93 | 21.43 |
| 14 | 10 | 17.86 | 39.28 |
| 13 | 8 | 14.29 | 53.57 |
| 12 | 3 | 5.36 | 58.93 |
| 11 | 13 | 23.21 | 82.14 |
| 10 | 3 | 5.36 | 87.50 |
| 9 | 3 | 5.36 | 92.86 |
| 8 | 1 | 1.79 | 94.64 |
| 7 | 1 | 1.79 | 96.43 |
| 6 | 1 | 1.79 | 98.21 |

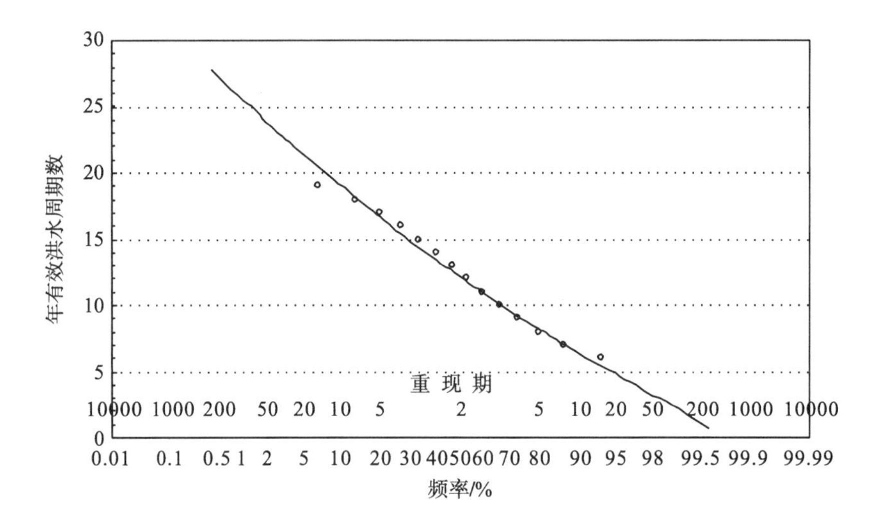


图 3-3　有效洪水周期累积频率曲线

## 3.2　日均流量过程随机模拟方法

随机选取一年中某两天的日平均流量进行分析，其概率分布及密度函数见图 3-4，可知日平均流量分布近似正态分布。

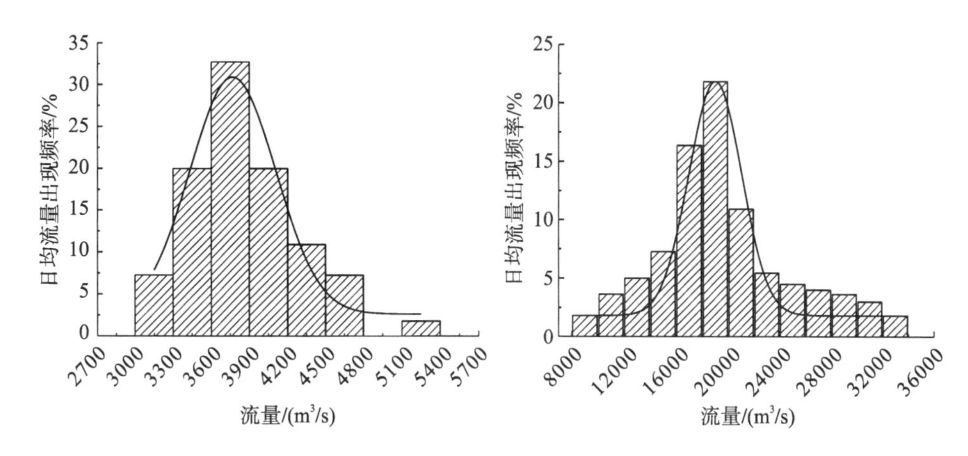


图 3-4　日平均流量概率分布直方图

采用自回归马尔可夫模型(AR 模型)，其日平均流量过程随机模拟方程为(雒文生和宋星原，2010)

$$q_{i,j}=\overline{q}_j+b_j\left(q_{i,j-1}-\overline{q}_{j-1}\right)+S_j\sqrt{1-\gamma_{j,j-1}^2}T_{i,j} \tag{3-9}$$

式中，$T_{i,j}$ 为标准正态分布 $N[0,1]$ 的随机数。

标准正态分布随机数是由[0,1]均匀分布随机数通过 Box-Muller 变换生成的，其计算公式为(雒文生和宋星原，2010)

$$T_1=\sqrt{-2\ln u_1}\cos\left(2\pi u_2\right) \tag{3-10}$$

$$T_2=\sqrt{-2\ln u_1}\sin\left(2\pi u_2\right) \tag{3-11}$$

式中，$T_1$、$T_2$ 为相互独立的标准正态分布的随机数；$u_1$、$u_2$ 为[0,1]区间上均匀分布的随机数。

很显然，要得到标准正态分布 $N[0,1]$ 的随机数，必须首先得到[0,1]上均匀分布的随机数，采用常用的同乘余法生成[0,1]上均匀分布随机数的递推公式为

$$x_{n+1}=\text{MOD}(\lambda x_n,M)\qquad(n=1,2,\cdots,K) \tag{3-12}$$

$$u_{n+1}=x_{n+1}/M \tag{3-13}$$

式中，$x_n$、$x_{n+1}$ 为第 $n$ 次和第 $n$+1 次生成的随机数，$x_n$ 为初值时，$x_{n+1}$ 则为第 1 次生成的随机数；$\lambda$ 为乘子；$M$ 为模，它们均为非负整数，而且 $\lambda<M$，$x_{n+1}$ 是 $\lambda x_n$

被 $M$ 整除后的余数，故 $u_{n+1}$ 即为[0,1]上均匀分布的随机数。

日平均流量过程模拟公式包括 365 个，即每一天有自己的模拟公式，将表 3-3 中的统计参数值分别代入式(3-9)，依次循环地运用这一组公式，即可得到一个随机的日平均流量过程。

## 3.3　两变量联合分布日均流量过程模拟

上节给出了日平均流量过程随机模拟方法，但其仅仅能给出一个随机过程，对其进行统计分析，通过 3.1 节各统计参数的频率计算，可以知道对某一参数来说的这一流量过程发生的概率，即传统的单变量分析方法，但复杂的水文事件往往是多变量综合作用的结果，且其中的随机变量是相关的。因此，本节首先在得到两变量情况下洪水概率分布的基础上，结合前述研究给出了一定重现期的日均流量随机过程。

### 3.3.1　两变量极值分布函数

两变量联合分布计算模型有很多种，本书采用目前水文频率分析中应用较多的两变量 Gumbel-logistic 模型，大量研究表明水文极值现象均服从 Gumbel 分布，且其对土壤含水量(李宁等，2005)、历年最高洪水位(罗纯和王筑娟，2005)及洪峰流量(熊立华等，2005)等都拟合较好。

两变量 Gumbel-logistic 概率分布函数的一般形式如下：

$$F(x,y)=\exp\{-[(-\ln F_x(x))^m+(-\ln F_y(y))^m]^{\frac{1}{m}}\}\quad(0\leqslant\theta\leqslant1)\tag{3-14}$$

式中，$F_x(x)$、$F_y(y)$ 分别为变量 $X$、$Y$ 的边际分布函数，其概率分布形式为

$$F_x(x)=\exp[-\exp(-\frac{X-Y_x}{\alpha_1})]\tag{3-15}$$

$$F_y(y)=\exp[-\exp(-\frac{Y-u_y}{\alpha_2})]\tag{3-16}$$

$m$ 与变量 $X$、$Y$ 的相关系数 $\rho$ 有关：

$$m=\frac{1}{\sqrt{1-\rho}}\tag{3-17}$$

$u$、$\alpha$ 与样本的均值 $\bar{X}$ 和均方差 $S$ 有关：

$$\alpha=\frac{\sqrt{6}}{\pi}S\tag{3-18}$$

$$u=\bar{X}-0.557\alpha\tag{3-19}$$

根据两变量 Gumbel-logistic 概率分布函数 $F(x,y)$ 和边际分布函数 $F_x(x)$、

$F_y(y)$，可以计算出各种条件下的分布函数，这里给出与本书相关的事件 $X \geqslant x$ 和 $Y \geqslant y$ 同时发生的概率为

$$P(X \geqslant x, Y \geqslant y) = 1 - F(x) - F(y) + F(x, y) \tag{3-20}$$

相应地，重现期为

$$t = \frac{1}{1 - F(x) - F(y) + F(x, y)} \tag{3-21}$$

通过图 3-1～图 3-3 可以知道任一概率的年最大洪峰流量、半月洪水总量及有效洪水周期，将其代入以上各式，分别计算得不同频率年最大洪峰流量与半月洪水总量、年最大洪峰流量与有效洪水周期遭遇洪水发生的概率及重现期，结果见表 3-4 和表 3-5。

表 3-4　年最大洪峰流量与半月洪水总量组合重现期

| 序号 | 频率/% | | | 重现期/a |
|---|---|---|---|---|
| | $F(Q)$ | $F(W)$ | $F(Q,W)$ | |
| $QW_1$ | 15 | 15 | 10.0 | 10 |
| $QW_2$ | 12.38 | 20 | 10.0 | 10 |
| $QW_3$ | 20 | 12.38 | 10.0 | 10 |
| $QW_4$ | 20 | 5.38 | 5.0 | 20 |
| $QW_5$ | 30 | 3.47 | 3.3 | 30 |

表 3-5　年最大洪峰流量与有效洪水周期组合重现期

| 序号 | 频率/% | | | 重现期/ a |
|---|---|---|---|---|
| | $F(Q)$ | $F(T)$ | $F(Q,T)$ | |
| $QT_1$ | 30 | 35 | 10.0 | 10 |
| $QT_2$ | 30 | 18 | 5.0 | 20 |
| $QT_3$ | 30 | 12.2 | 3.3 | 30 |
| $QT_4$ | 30 | 7.5 | 2.0 | 50 |
| $QT_5$ | 30 | 70 | 20.0 | 5 |
| $QT_6$ | 58.35 | 35 | 20.0 | 5 |
| $QT_7$ | 95.45 | 35 | 33.3 | 3 |

## 3.3.2　两变量联合作用日均流量随机过程

首先计算出表 3-4 和表 3-5 不同频率组合相应的年最大洪峰流量、半月洪水总量及有效洪水周期，再在多年日均流量过程的基础上，借助计算机和 3.2 节所述方法对寸滩站日均流量过程进行随机模拟，每模拟出一个过程就对此过程进行检验(检验指标及误差范围见表 3-6)，直到各项指标误差都在允许范围内，程序停止运行，对应的流量过程即为一个满足要求的流量过程。

**表 3-6　流量过程随机模拟允许误差**

| 检验内容 | 年最大洪峰流量 | 半月洪水总量 | 年有效洪水周期 |
|---|---|---|---|
| 允许误差/% | ±3 | ±5 | ±5 |

通过此方法依次模拟出表 3-4 和表 3-5 中的共计 12 个流量过程，这里给出其中两个模拟结果如图 3-5 所示，全部的 12 个流量过程可参见图 4-19 和图 4-23(流量及时间已换算为模型值)。

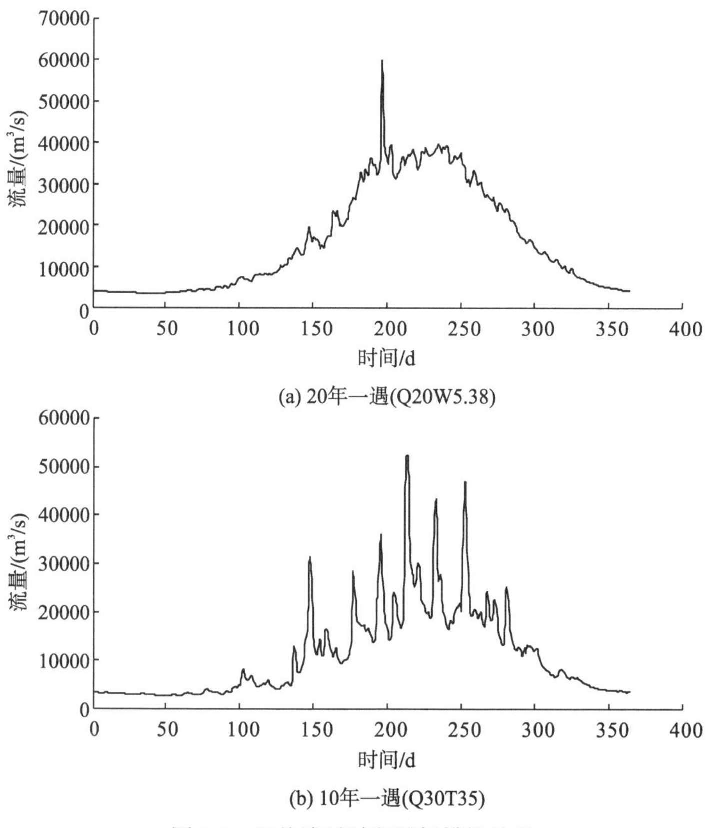

(a) 20年一遇(Q20W5.38)

(b) 10年一遇(Q30T35)

图 3-5　日均流量过程随机模拟结果

## 3.4 小　　结

(1) 对长江上游寸滩水文站 1954～2008 年日均流量进行了审查与分析，得到了日均流量系列的主要统计参数，界定了有效洪水周期的涵义，对寸滩水文站最大洪峰流量、洪水总量、有效洪水周期等水文要素作统计频率分析。

(2) 采用目前水文频率分析中应用较多的两变量 Gumbel-logistic 模型，计算得到不同频率年最大洪峰流量与半月洪水总量、年最大洪峰流量与有效洪水周期遭遇洪水发生的概率及重现期。

(3) 应用自回归马尔可夫模型(AR 模型)，对寸滩水文站日均流量过程进行了模拟，得到了不同影响遭遇组合下不同重现期的洪水过程，为模型试验研究奠定了基础。

# 第 4 章　概化模型试验设计及仪器设备

## 4.1　水槽概化模型设计

天然过程作用下丁坝水毁模型试验在重庆交通大学国家内河航道整治工程技术研究中心航道整治试验大厅长 30m、宽 2m、高 1m 的矩形玻璃水槽中进行(图 4-1)。

图 4-1　试验水槽照片

### 4.1.1　模型丁坝设计

我国山区通航河流丁坝常用抛石结构，其平面布置和结构形式均按照《航道整治工程技术规范》(1999)中的要求进行设计和施工。模型丁坝设计主要依据丁坝水毁相当严重的长江上游航道常见的丁坝结构形式进行正态概化设计。长江上游原型丁坝横断面为梯形断面，一般设计最低水位至坝顶为 2m，设计最低水位距江床地面平均 2m，原型丁坝的坝高平均为 4m，顶宽为 3m，迎水坡坡度为 1∶1.5，背水坡坡度为 1∶2，向河坡坡度为 1∶2.5，见表 4-1。

为了能将研究成果更好地运用到天然河流上，水槽概化模型应设计为局部正态模型，考虑试验水槽宽度和供水系统的实际情况，模型比尺 $\lambda_L = \lambda_H = 40$，因此，模型丁坝高度设计为 10cm(如图 4-2 所示)。

为考虑坝长对束窄河床的影响，模型坝长按水面收缩比(即丁坝坝顶长度与河宽之比)与原型相似进行设计。长江上游航道原型丁坝坝顶长度与平均河宽之比一般为 0.25～0.40，试验水槽宽为 2m，模型丁坝坝长采用 50cm 和 70cm 两种尺寸作对比。

表 4-1　长江上游叙渝段丁坝特征值汇总表

| 坝号 | 坝长/m | 坝头高程/m | 坝宽/m | 纵坡 | 迎水坡 | 背水坡 | 最大坝高/m |
|---|---|---|---|---|---|---|---|
| 金钟碛 1# | 290 | 225.6 | 3 | 1∶500 | 1∶1.5 | 1∶2 | 5 |
| 金钟碛 2# | 390 | 225.6 | 3 | 1∶500 | 1∶1.5 | 1∶2 | 6 |
| 神背嘴 1# | 52 | 215.5 | 3 | 1∶250 | 1∶1.5 | 1∶2 | 2.25 |
| 神背嘴 2# | 43 | 215.5 | 3 | 1∶250 | 1∶1.5 | 1∶2 | 2.25 |
| 神背嘴 3# | 50 | 215.5 | 3 | 1∶250 | 1∶1.5 | 1∶2 | 2.25 |
| 神背嘴 4# | 146 | 215.5 | 3 | 1∶250 | 1∶1.5 | 1∶2 | 2.25 |
| 关刀碛 1# | 160 | 186.1 | 3 | 1∶250 | 1∶1.5 | 1∶2 | 5 |
| 关刀碛 2# | 165 | 186.1 | 3 | 1∶250 | 1∶1.5 | 1∶2 | 5.5 |
| 关刀碛 3# | 205 | 186.1 | 3 | 1∶250 | 1∶1.5 | 1∶2 | 5.3 |

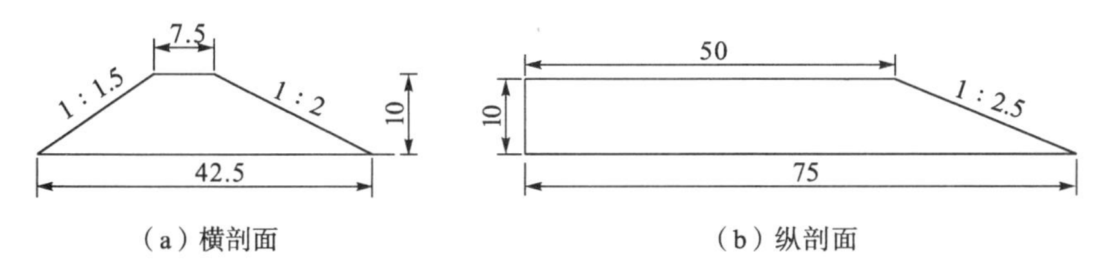


图 4-2　坝体断面布置图(单位：cm)

山区河流丁坝布置一般采用正挑(挑角 90°)和下挑(挑角 120°左右)丁坝，模型试验拟采用挑角为 90°和 120°的丁坝。

丁坝水毁破坏试验拟采用天然块石组成的散体堆石坝作为模型丁坝，重点研究抛石坝体的水毁机理，对不同的坝头形状(图 4-3)的破坏情况进行对比研究。

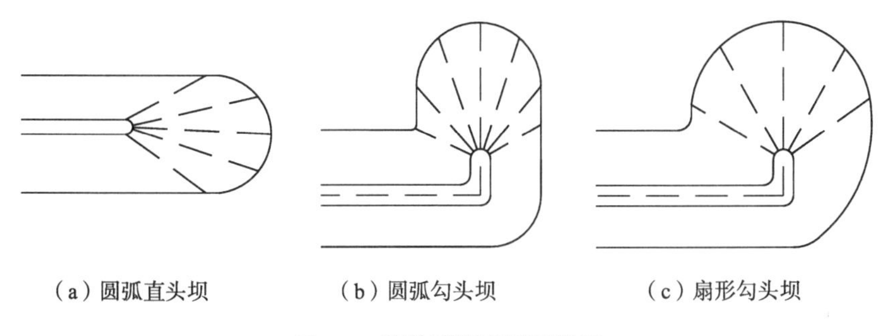


图 4-3　坝体形状平面示意图

原型坝体块石粒径根据《航道整治工程技术规范》(1999)中公式 10.6.2.1 计算，即

$$d = 0.04V^2 \tag{4-1}$$

式中，$d$ 为块石等容粒径，m；$V$ 为建筑物处的表面流速，m/s。

模型坝体块石仍采用天然材料，但须保证与原型块石起动相似，根据流速比尺，确定出模型坝体块石粒径起动流速后，由上式计算出模型坝体的块石粒径为0.6～1.2 cm。

### 4.1.2 模型水流及时间比尺确定

保证非恒定流相似首先要满足水流运动相似(吴宋仁和陈永宽，1993)，满足几何相似的正态模型必须遵守的水流相似条件：

$$\lambda_V = \sqrt{\lambda_h} \tag{4-2}$$

$$\lambda_C = \frac{1}{\lambda_n}\lambda_h^{1/6} = 1 \tag{4-3}$$

由于试验主要模拟的是中洪水流量对丁坝的破坏作用，且试验在顺直水槽中进行，故取原型糙率为 0.025，则由式(4-2)及式(4-3)可得流速、糙率比尺及模型糙率分别为

$$\lambda_V = \sqrt{40} = 6.325 \tag{4-4}$$

$$\lambda_n = \lambda_h^{1/6} = 40^{1/6} = 1.85 \tag{4-5}$$

$$n_m = \frac{n_p}{\lambda_n} = \frac{0.025}{1.85} = 0.0135 \tag{4-6}$$

试验水槽底部采用水泥砂浆抹面，经实测数据率定发现模型糙率能够满足要求。

长江上游洪灾的特点是从暴雨发生到洪峰形成的时间较中下游要短得多，具有突发性特征。洪水的涨峰时间 10～30h；但洪水历时较短，一般 3～7h；洪水水位涨幅大，10～30m；洪水流速快，5～7m/s(唐邦兴，1995)。本次试验主要以流速作为控制因素，经调查分析取寸滩站 5 年一遇洪水、洪峰流速 5m/s 作为试验流量计算条件，正式试验前依次施放不同流量，待水流平稳后测量河槽中央处流速，发现当模型流速$V_m = 5/\sqrt{40} = 0.79\text{m}/\text{s}$时对应模型流量为$Q_m = 165\,\text{L}/\text{s}$。对寸滩站1954～2008 年共 55 年的洪峰流量作频率分析(图 3-1)，可得 5 年一遇洪峰流量为56330 m$^3$/s，因此，

$$\lambda_Q = 56330/0.165 \approx 341420 \tag{4-7}$$

若以重力相似准则为主，模型施放一个洪水水文年的时间为 57.7 天，这显然是很难做到的，理论和实践都证明，只要抓住要研究问题的主要因素，使与之相关的主要现象能够基本相似，即使不能保证所有条件相似，模型试验也能达到解

决实际问题所需的精度。研究水流对丁坝的作用力时，考虑到丁坝作为典型的阻水建筑物，应以阻力相似准则为主(吴宋仁和陈永宽，1993)，因此，

$$\lambda_t = \lambda_L^2 = 1600 \tag{4-8}$$

### 4.1.3　模型沙材料及粒径的确定

根据前期工作经验，选用天然石英砂作为试验用模型沙能够较好地模拟出丁坝及其周围床面的变形(王平义和高桂景，2016)。收集了长江上游金钟碛、铜鼓滩、朱沱等河段的实际坑测泥沙级配(图 4-4)，如果按比例尺将原型沙缩小为模型沙，实际模拟的冲刷坑范围及丁坝破坏形式不能很好地与原型吻合(王平义和喻涛，2011)。这是由于原型沙级配粗颗粒泥沙比重较大(与实际坑测位置有关，受各方面条件限制，现场取样位置多位于枯水期出露的边滩，所以造成取样级配粗颗粒泥沙所占比重较大)，即使来流流速比中值粒径泥沙颗粒的起动流速大很多，冲刷在较短的时间内即达到平衡，不同流量下冲刷坑的极限冲刷深度差别不大。

因此，为了使试验冲刷与原型相似度较好，在原型沙的基础上对模型沙级配进行调整，概化出长江上游天然河床床沙级配，概化原型沙中值粒径为 40mm。相应地，模型沙中值粒径为 1.0mm(图 4-4)，$d_{84.1} = 2.12\text{mm}$，$d_{15.9} = 0.04\text{mm}$，泥沙级配曲线呈“S”形。

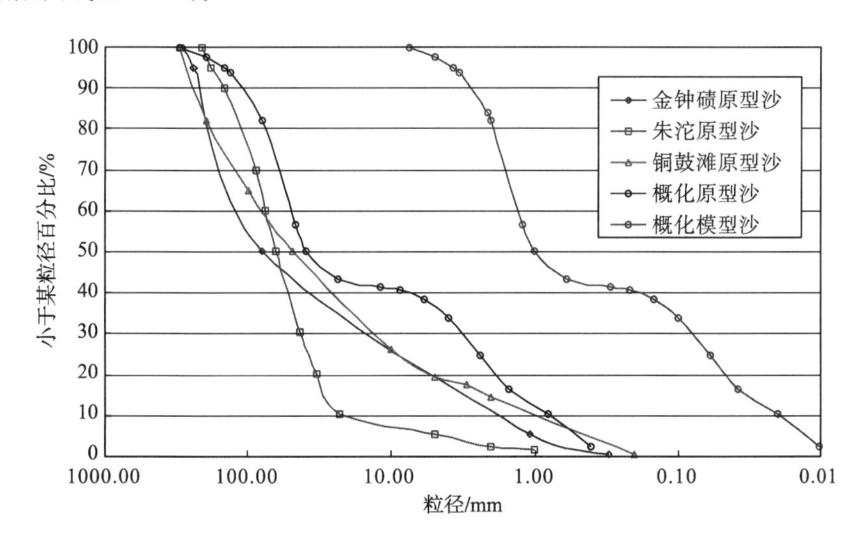


图 4-4　原型沙及模型沙级配曲线

根据实际观察，天然河流中水流刚好漫坝至坝顶水深 2～4m 时，流速对坝体的作用力度较大。试验中丁坝上游附近模型水深为 10cm(水位与坝顶齐平)时，对应流量约为 68L/s，断面垂线平均流速约为$\overline{V} = 0.34\,\text{m/s}$。

采用沙莫夫起动流速公式(中国水利学会泥沙专业委员会，1992)：

$$U_c = 1.4\sqrt{gD}\ln\frac{h}{7D} \tag{4-9}$$

计算得中值粒径为40 mm的石英砂在水深为4 m时的起动流速$V_{cp} = 1.982\ \mathrm{m/s}$。

采用适用于无黏性模型沙起动流速的冈察洛夫不动流速公式：

$$V_0 = 1.06\lg\frac{8.8h}{d_{95}}\sqrt{\frac{(\gamma_s - \gamma)gd}{\gamma}} \tag{4-10}$$

计算得：$V_{0m} = 0.292\ \mathrm{m/s}$。因此得：$\lambda_{V_0} = \frac{1.982}{0.292} = 6.788$，与$\lambda_V = 6.325$相差不大，且$\bar{V} > V_{0m}$，水深较大时断面平均流速也较大，泥沙更易起动，由于试验水深在大部分时间内均大于10cm，所以，认为泥沙起动基本满足相似条件，模型选沙基本合理。

# 4.2 试验设备及系统稳定性

## 4.2.1 流量控制系统

流量由清华大学和北京尚水信息技术公司联合研制的DCMS流量控制系统控制，系统包括流量控制模块和流量测量模块两部分，根据流量反馈实现水槽流量的闭环控制。

系统对变频器发送指令，控制抽水水泵功率，实现对流量的控制；流量计测量当前注入水槽的流量，反馈给系统；系统根据当前流量对变频器进行调节，实现水槽流量的精确控制(图4-5)。

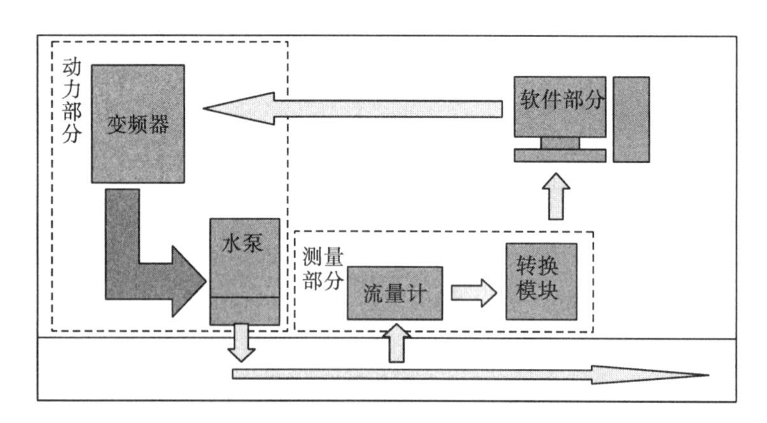


图4-5 流量控制系统原理图

采用基于系统自动反馈的文件控制方式施放天然流量过程，文件控制通过读取控制文件，按照控制文件中的流量关键点，对流量进行阶梯状控制，每个控制段的控制均为 PID 反馈控制，以保证关键点的流量精度，采样精度为 0.2%。文件控制流程见图 4-6。

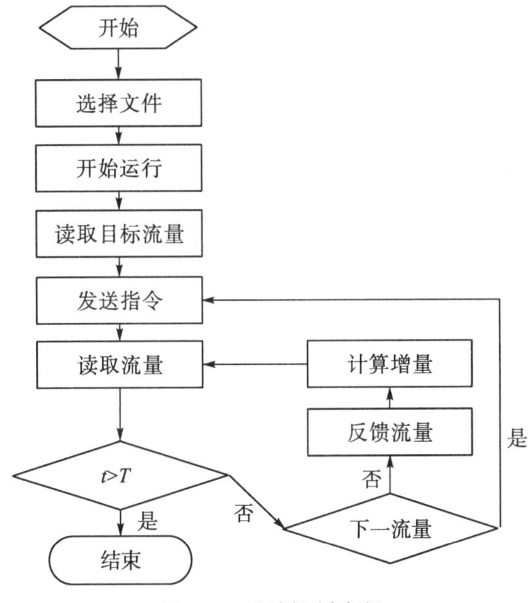


图 4-6　反馈控制流程

### 4.2.2　水位自动测量系统

水位同步自动测量系统利用超声测距原理和先进的电子技术、传感技术同步采集不同关键点的水位，并提供保存数据、导出数据的功能。实时测量精确，使观测人员能够准确、实时地了解指定点的水位变化情况并对其进行研究。水位自动测量系统结构见图 4-7。

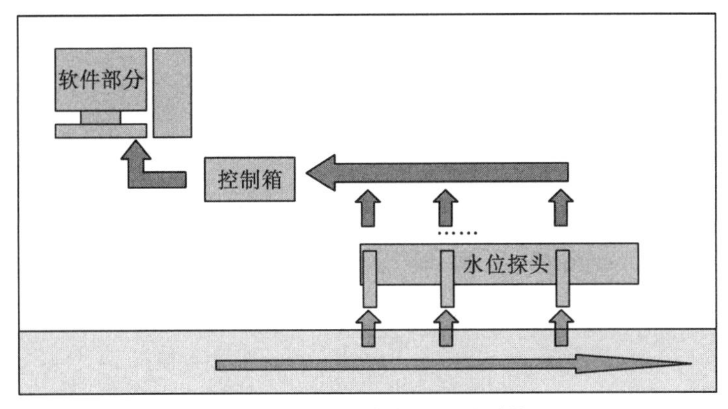


图 4-7　水位同步自动测量系统

水位自动测量系统(图4-8)在高精度超声探头的基础上引入高级滤波数据处理算法，使用电流信号传输，抗干扰性较电压信号传输方式强，进一步保证了测量精度，可以同步采集水面变化。探头的量程为0.1～1m，测量精度为±0.2mm，采集频率最大为10Hz，本次试验水位采集频率设定为1Hz。

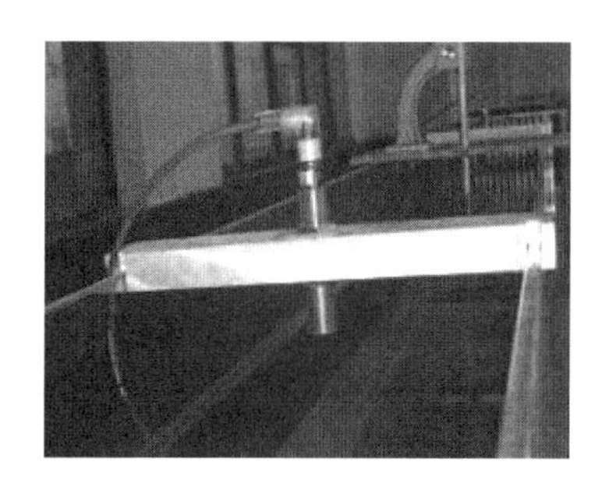

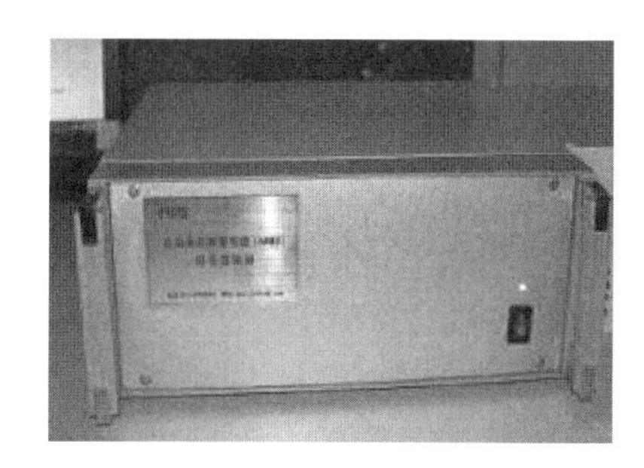

图 4-8　超声波水位探头及自动水位综合控制箱

### 4.2.3　流速测量系统

1. 平均流速采集系统

水流平均流速采用重庆交通大学自行研制的旋桨流速(谱)采集系统(图 4-9)进行测量，该系统由软件、数据采集卡、传感器、放大器、旋桨(图 4-9 和图 4-10)等组成，可以同时跟踪 16 个点的流速变化过程，试验用旋桨系武汉江岸区江源流速仪研究所研制。本次试验平均流速采样频率设定为 60Hz，为了不使文件所占内存过大，每间隔 20s 对所采集的数据进行处理并记录 1 个数据。

图 4-9　旋桨流速(谱)采集系统

图 4-10　旋桨流速仪传感器及放大器

2. 三维瞬时流速采集系统

三维瞬时流速采用美国 SonTek 水文仪器公司研制的声学多普勒测速仪(Horizon ADV)进行测量。ADV 是一种非接触式的测量系统，具有三维速度测量、精度高(±0.01cm/s)、无需率定、操作简便等优点，主要由三部分组成：量测探头(传感器)、信号调理器和信号处理器(唐洪武等，2009)(图 4-11 和图 4-12)。

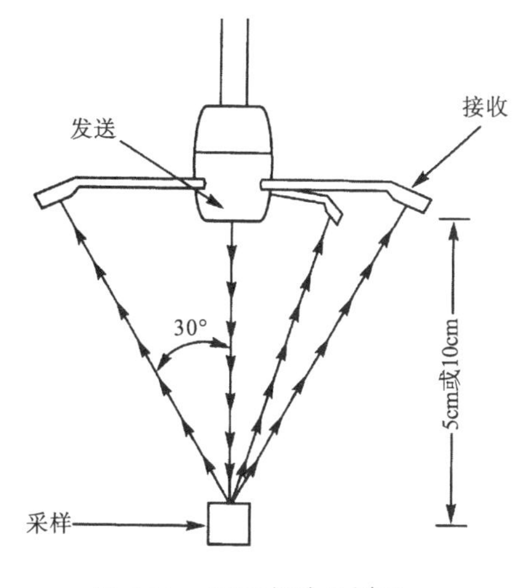


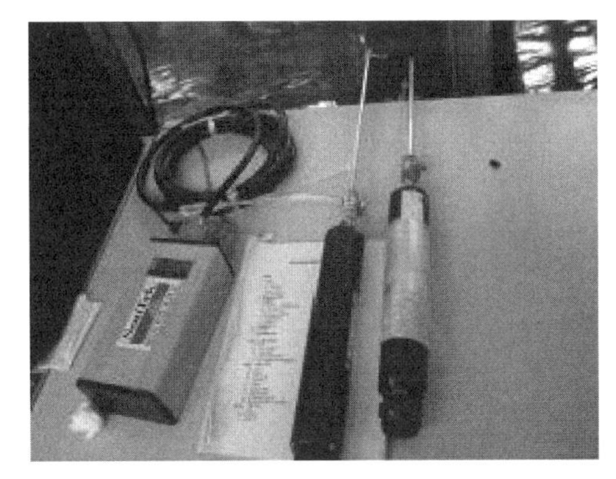

图 4-11　ADV 探头及原理

图 4-12　ADV 信号调理器及处理器

根据 ADV 原理和相关紊流力学理论，测量所得相关值、信噪比可用于监测数据质量。在信号处理中，以相关值和信噪比为判据，监控数据的质量并编辑潜在的无效数据，从而达到滤波的目的。ADV 相关系数是 ADV 多普勒计算的直接结果，以百分数表示，理想的相关值为 70%～100%。本次试验所用 ADV 工作频率为 16MHz、采样频率为 0.1～50Hz，试验时系统采样频率设定为 30Hz。

## 4.2.4　丁坝受力测量系统

丁坝坝面不同部位受力(包括动水压力和脉动压力)的大小及其随时间的变化采用陕西宝鸡秦明传感器厂研制的压力传感器(型号：CYG1145T；测量范围：6kPa；精度：0.5 级)测量，试验压力采集采用江苏东华测试技术股份有限公司生产的 DH5923 动态信号测试分析系统自动跟踪记录(图 4-13)。

图 4-13　压力传感器及采集系统

传感器供电方式采用两级供电的方法，此外还采取了公共接地措施，这样一来解决了使用过程中由于传感器本身问题造成波纹系数过大和零点漂移较大的问题，从而提高了采集到的试验数据的精度。数据信号采集方面采用以计算机为基础、智能化的动态信号测试分析系统进行丁坝受力数据的采集。先进的 DDS 数字频率合成技术产生的高精度、高稳定度的采样脉冲，保证了多通道采样速率的同步性、准确性和稳定性。

随机信号的采样定理要求采样频率≥2.56 倍的随机信号频带宽度，这一要求是基于规则或对称(如电磁波)的随机信号提出的。考虑到坝体受力过程为不规则非对称的非平稳过程。为了保证测得的压力数据能真实地反映坝体受力变化过程，前人研究表明坝体受力能量主要集中在 0～25Hz，试验中压力数据采样频率取 500Hz，即保证至少有 20 个点对某一波形进行重构，这样大大减小了采样误差。

### 4.2.5　三维地形测量系统

模型冲淤地形测量采用北京尚水信息有限公司研制的超声三维地形测量系统(TTMS)完成，该系统采用的是非接触无损测量方式，可以长时间实时跟踪床面变化，测量误差为±1mm，见图 4-14。

图 4-14　超声三维地形测量系统

### 4.2.6　仪器率定及系统稳定性

在正式试验前对流量计、变频器、水位计、流速传感器及压力传感器进行标定，标定曲线见图 4-15 和图 4-16，由图可见本次试验使用的仪器设备自身性能很好，能够保证试验数据的可靠性。

图 4-17 为不同重现期期望流量与实际流量过程线的对比情况，可以看出试验中来流过程与期望过程基本一致，经统计得知最大流量误差为±3%，说明在整个

流量过程中系统是比较稳定的，得出的试验数据也是可信的。

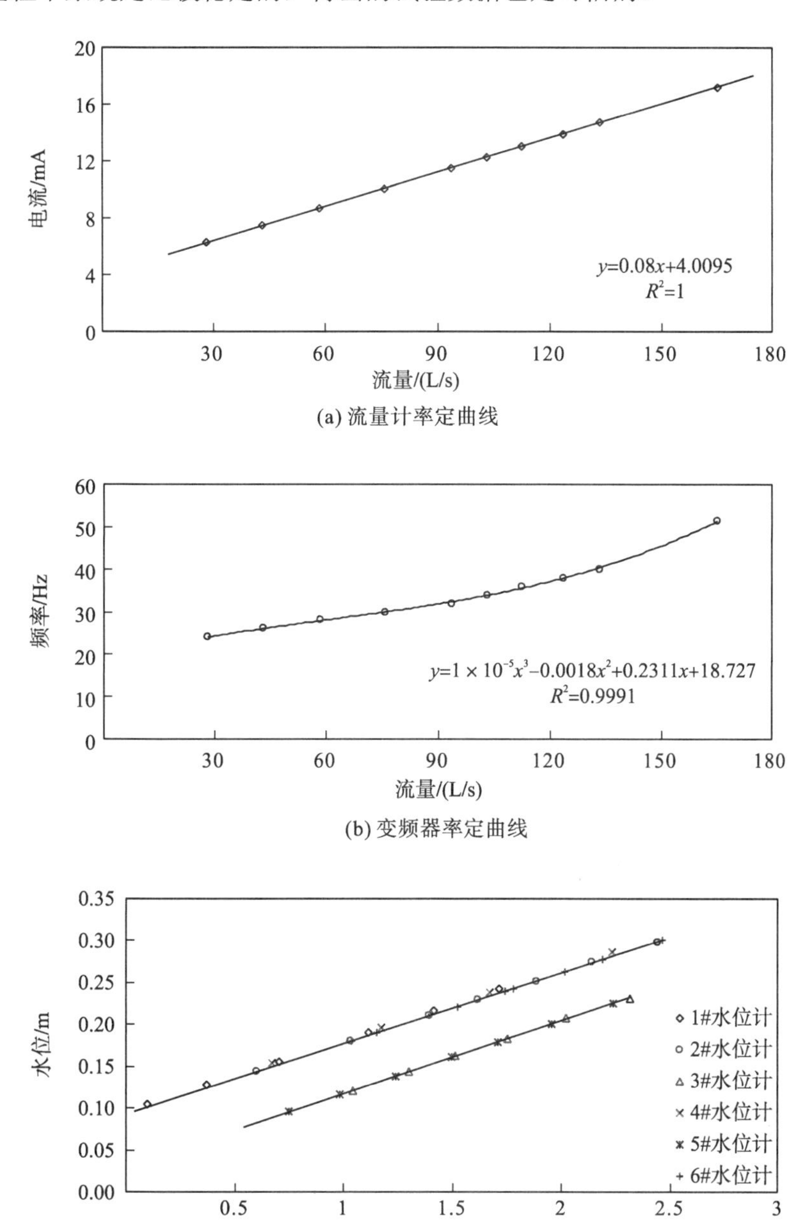


(a) 流量计率定曲线

(b) 变频器率定曲线

(c) 水位计率定曲线

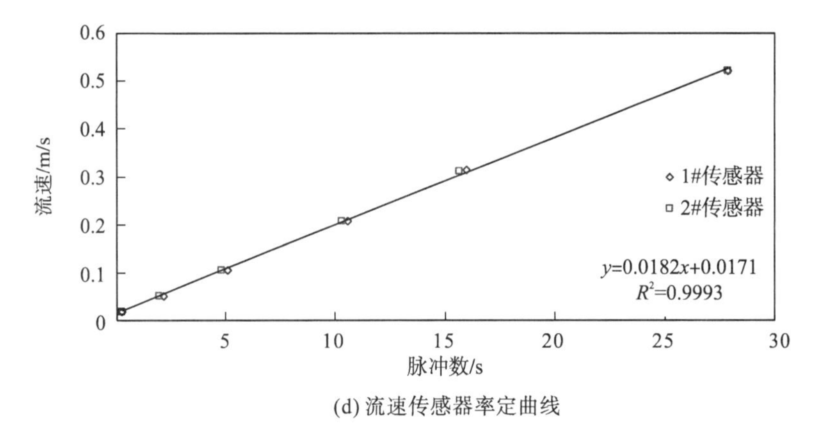


(d) 流速传感器率定曲线

图 4-15 试验仪器率定曲线

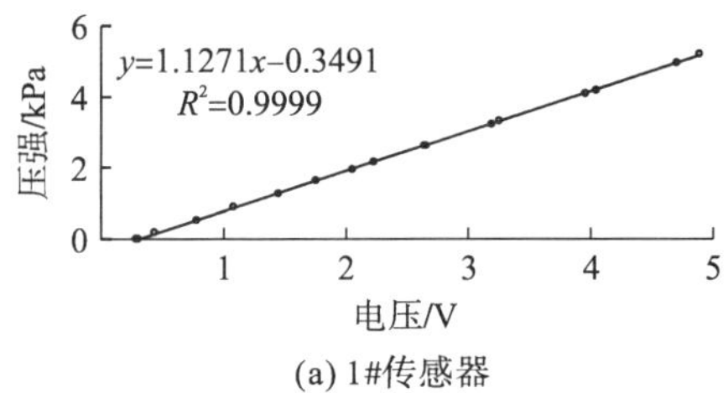


(a) 1#传感器

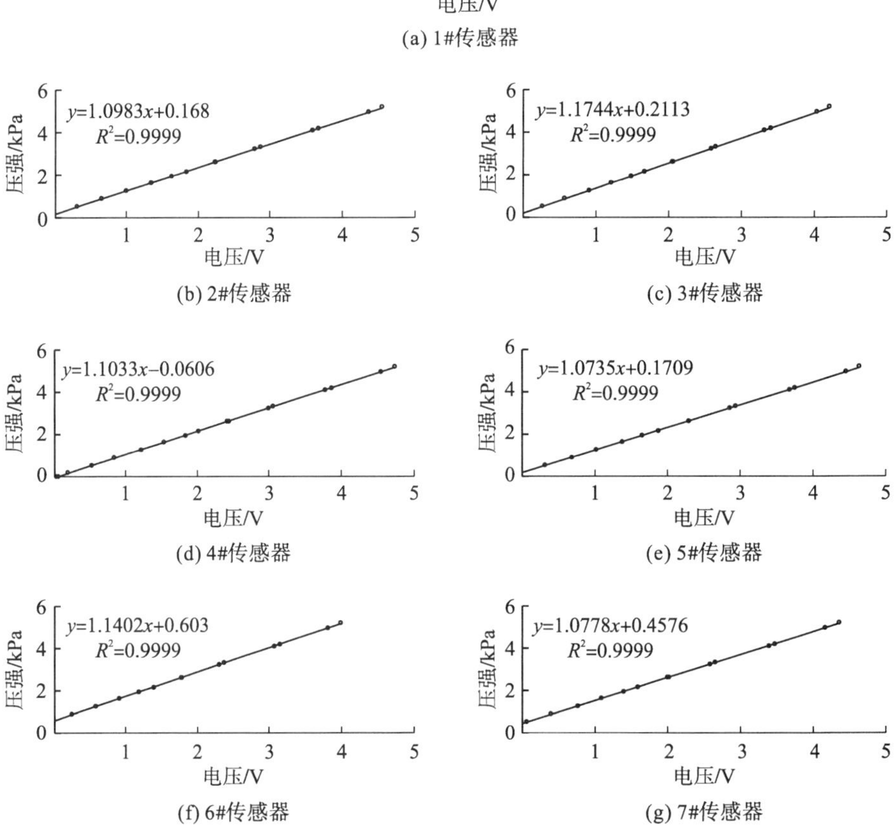


(b) 2#传感器 (c) 3#传感器

(d) 4#传感器 (e) 5#传感器

(f) 6#传感器 (g) 7#传感器

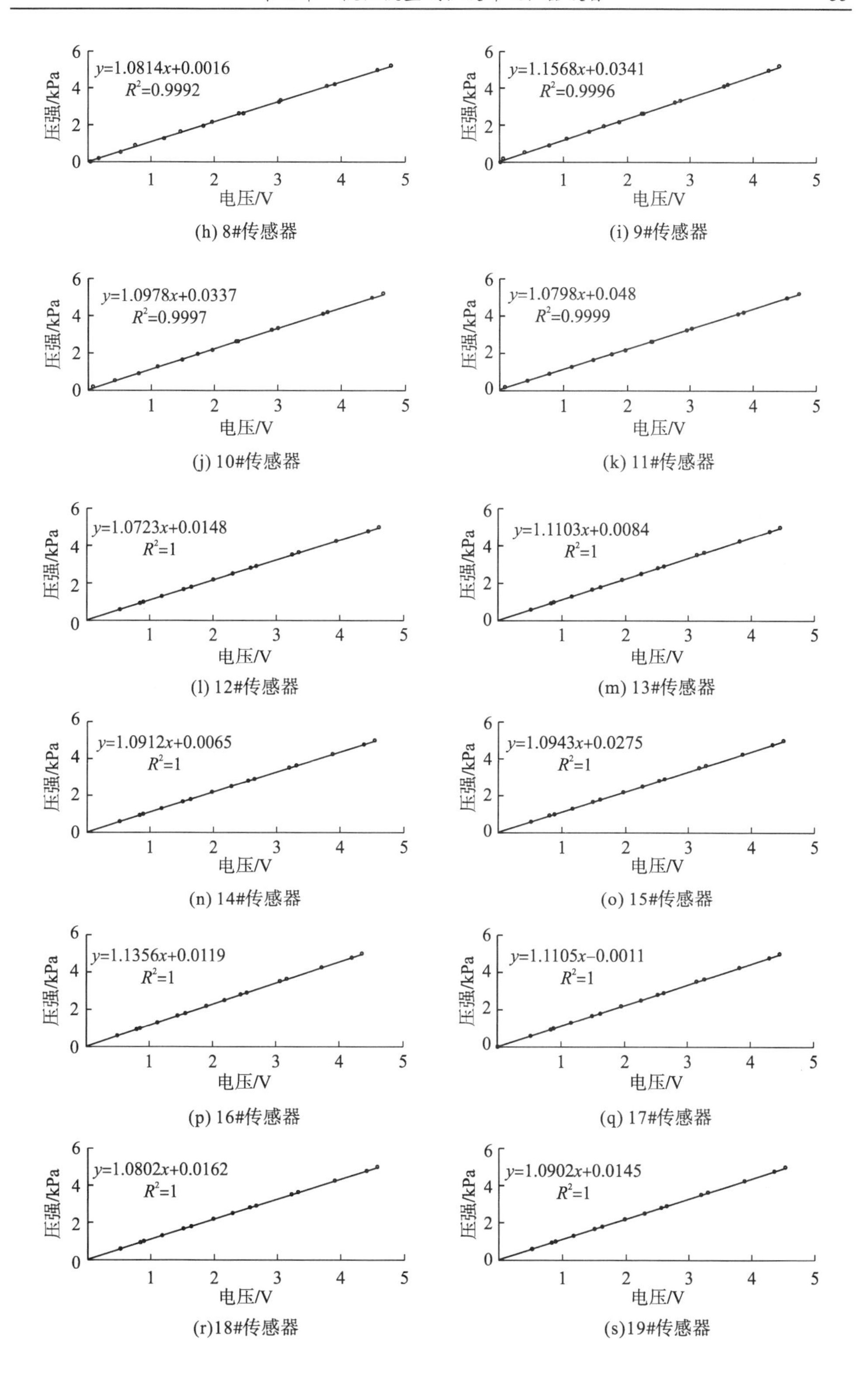


(h) 8#传感器

(i) 9#传感器

(j) 10#传感器

(k) 11#传感器

(l) 12#传感器

(m) 13#传感器

(n) 14#传感器

(o) 15#传感器

(p) 16#传感器

(q) 17#传感器

(r)18#传感器

(s)19#传感器

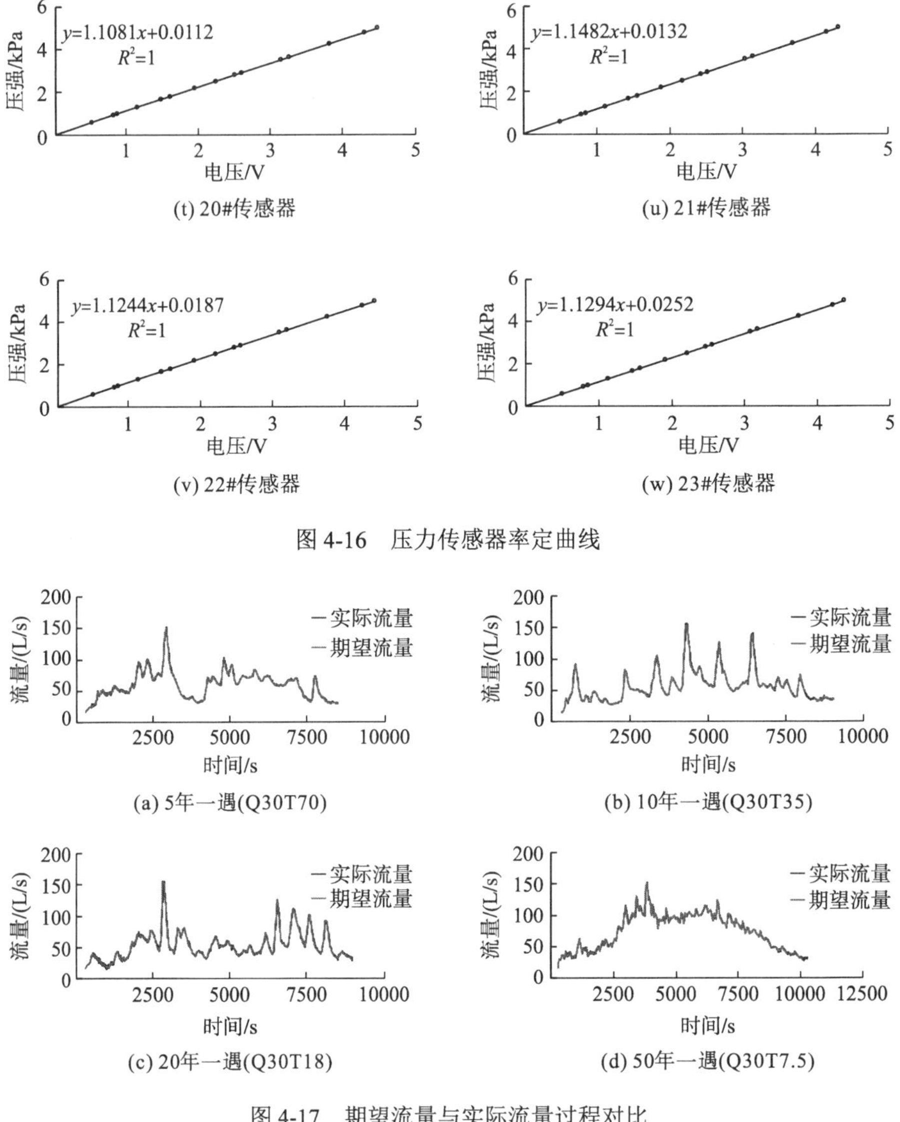


(t) 20#传感器

(u) 21#传感器

(v) 22#传感器

(w) 23#传感器

图 4-16 压力传感器率定曲线

(a) 5年一遇(Q30T70)

(b) 10年一遇(Q30T35)

(c) 20年一遇(Q30T18)

(d) 50年一遇(Q30T7.5)

图 4-17 期望流量与实际流量过程对比

## 4.3 试验方案及内容

丁坝的水毁是坝体受水流、泥沙运动综合作用的结果，为了揭示丁坝水毁机理，必须首先弄清丁坝周围水动力场的变化规律及其对坝体的作用形式，并在此基础上分析丁坝局部冲刷的形成及发展过程，因此，本书分别开展了定床试验及动床试验研究。试验是在宽 2 m、高 1 m、长 30 m 的矩形玻璃水槽中进行的，试验水槽照片见图 4-1，模型布置见图 4-18。

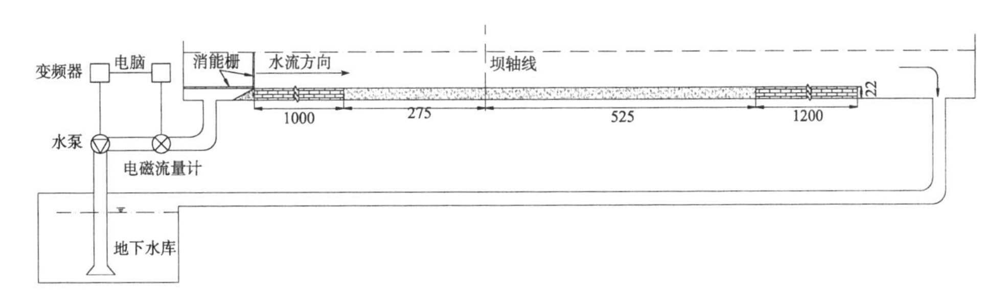


图 4-18　试验模型布置图(单位：cm)

## 4.3.1　清水定床试验

1. 定床试验方案

(1)流量过程：为了研究不同来流过程条件下丁坝周围的水力特性，流量过程选用年最大洪峰与洪水有效周期遭遇时 50 年一遇、20 年一遇、10 年一遇、5 年一遇等 4 个流量过程，见图 4-19。

(2)丁坝长度：为了弄清不同收缩比下丁坝周围水力特性的差别，坝长采用 50cm 和 70cm 作对比研究见表 4-2。

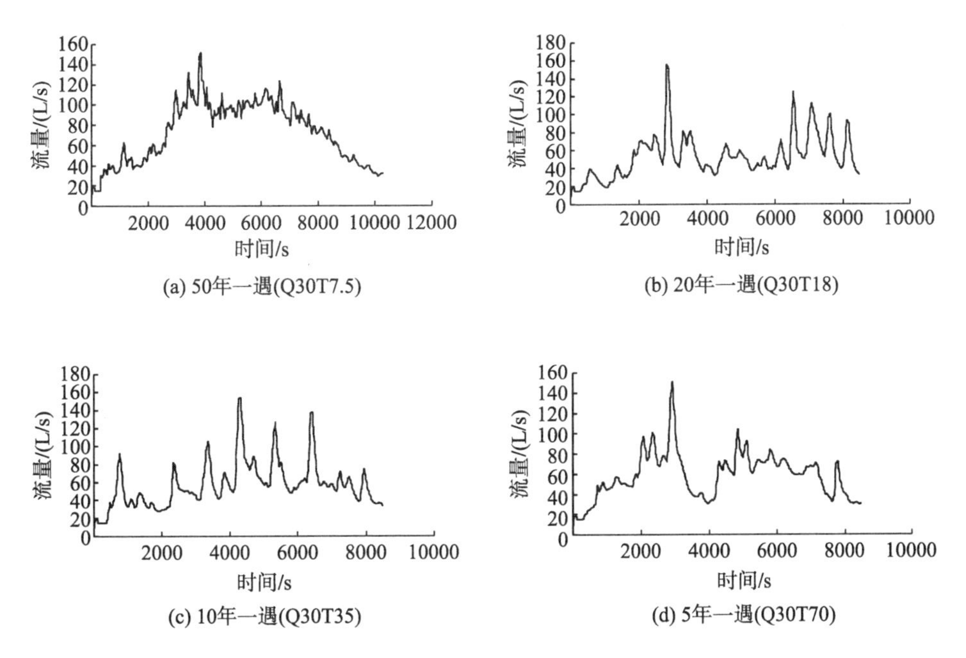


图 4-19　最大洪峰与洪水有效周期遭遇流量过程

表 4-2 清水定床试验工况

| 工况 | 流量过程 | 坝长/cm | 挑角/(°) | 坝头形状 | 测试内容 |
|---|---|---|---|---|---|
| 1 | 5 年一遇(Q30T70) | 50 | 90 | 圆弧形直头 | 流速、水位、紊动、压力 |
| 2 | 10 年一遇(Q30T35) | 50 | 90 | | 流速、水位、紊动、压力 |
| 3 | 20 年一遇(Q30T18) | 50 | 90 | | 流速、水位、紊动、压力 |
| 4 | 50 年一遇(Q30T7.5) | 50 | 90 | | 流速、水位、紊动、压力 |
| 5 | 5 年一遇(Q30T70) | 70 | 90 | | 压力、紊动 |
| 6 | 10 年一遇(Q30T35) | 70 | 90 | | 流速、水位、紊动、压力 |
| 7 | 20 年一遇(Q30T18) | 70 | 90 | | 压力、紊动 |
| 8 | 50 年一遇(Q30T7.5) | 70 | 90 | | 压力、紊动 |
| 9 | 5 年一遇(Q30T70) | 50 | 120 | | 压力、紊动 |
| 10 | 10 年一遇(Q30T35) | 50 | 120 | | 流速、水位、紊动、压力 |
| 11 | 20 年一遇(Q30T18) | 50 | 120 | | 压力、紊动 |
| 12 | 50 年一遇(Q30T7.5) | 50 | 120 | | 压力、紊动 |
| 13 | 10 年一遇(Q30T35) | 50 | 90 | 圆弧形勾头 | 流速、水位、紊动 |
| 14 | 10 年一遇(Q30T35) | 50 | 90 | 扇形勾头 | 流速、水位、紊动 |

注：表中流量过程栏括号内数据表示参数出现的频率，如 5 年一遇(Q30T70)表示最大洪峰流量和洪水有效周期发生的频率分别为 30%和 70%时洪水重现期为 5 年一遇

(3)挑角：山区河流卵石滩整治一般采用正挑和下挑丁坝，本次试验采用挑角为 90°和 120°的丁坝作对比分析，见表 4-2。

(4)坝头形状：采用山区河流航道整治中比较常见的三种形式，即圆弧直头、圆弧勾头和扇形勾头，见图 4-3。

2. 定床试验内容

(1)观测各流量过程作用下的平均流速分布，选取如图 4-20 所示的 7 个横断面，每个横断面布置 7 个测点，采样点位置距离床面 5cm。

(2)观测各流量过程作用下的水面线分布，选取如图 4-20 所示的 7 个纵断面，每个纵断面上安放 6 个超声波水位探头，观测其水面高程。

(3)观测各流量过程作用下坝周围瞬时流速及紊动强度的变化，在丁坝周围布置 8 个测点，测点位置距离床面或坝面 1cm，见图 4-21。

(4)观测各流量过程作用下丁坝坝体受力变化，在丁坝迎水坡、背水坡及坝头上布置 23 个测点，测量坝面所受动水压力及脉动压力的变化情况，见图 4-22。

(5)观测各流量过程作用下丁坝周围涡流发展及运动情况。

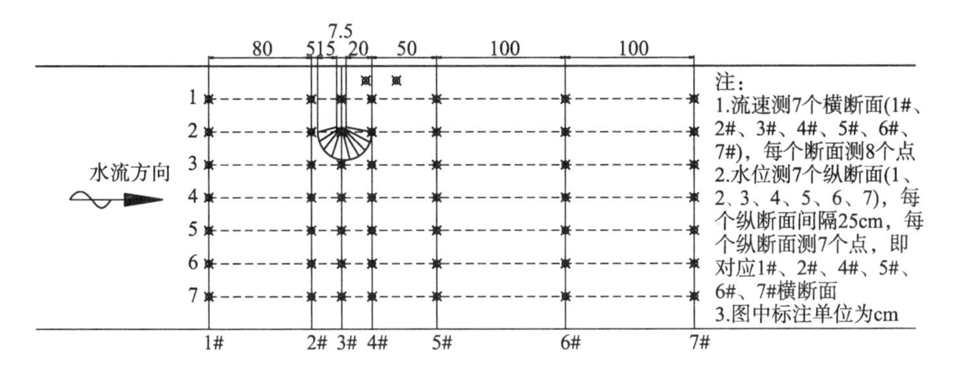


图 4-20　平均流速及水位测试断面及测点布置图

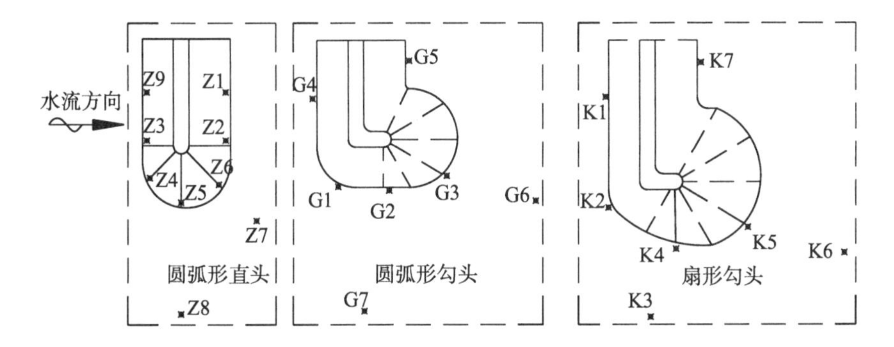


图 4-21　瞬时流速及紊动强度测点布置图

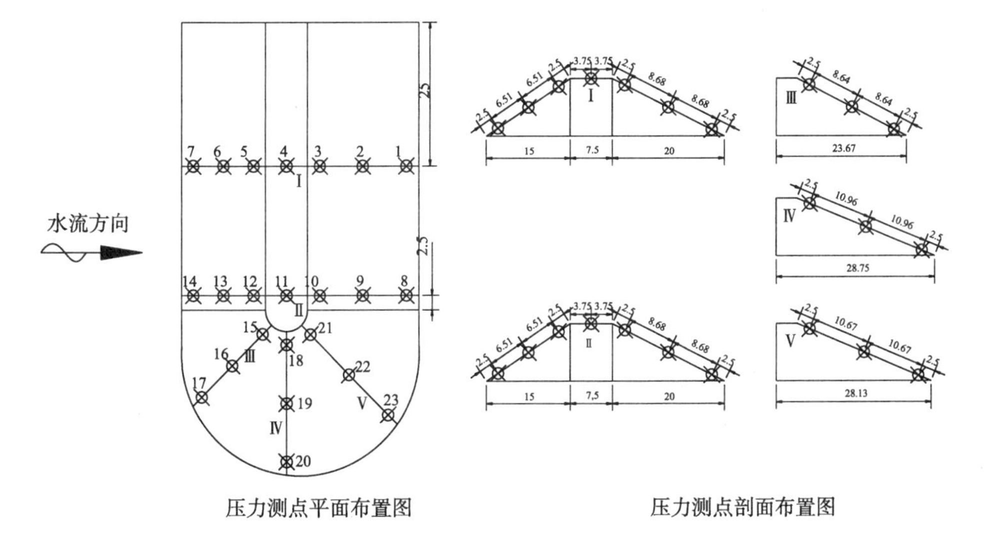


图 4-22　丁坝坝体受力测点布置图

### 4.3.2　清水动床试验

1. 动床试验方案

清水冲刷试验也是在长 30m、宽 2m、高 1m 的矩形玻璃水槽中进行的。原型观测的丁坝最大冲刷深度约为 6 m，平均冲刷深度约为 4m。在水槽的中部铺设了 8m 长的动床段，考虑到模型比尺为 1∶40，水槽底部除丁坝周围铺沙厚度为 0.22m 外，其他动床区域铺沙厚度为 0.1m，模型布置见图 4-18。

(1)流量过程：为了弄清各水文要素对丁坝局部冲刷的影响，流量过程选用年最大洪峰与半月最大洪量、年最大洪峰与洪水有效周期遭遇组合时的 50 年一遇、30 年一遇、20 年一遇、10 年一遇、5 年一遇、3 年一遇等 12 个流量过程，见图 4-19 和图 4-23。

**表 4-3　清水动床试验工况**

<table>
<tr><th>工况</th><th>流量过程</th><th>坝长/cm</th><th>挑角/(°)</th><th>$d_{50}$/mm</th><th>坝头形状</th><th>备注</th></tr>
<tr><td>M1</td><td>3 年一遇(Q95.45T35)</td><td>50</td><td>90</td><td>1</td><td rowspan="9">圆弧形直头</td><td rowspan="16">年最大洪峰与洪水有效周期组合</td></tr>
<tr><td>M2</td><td>5 年一遇(Q58.35T35)</td><td>50</td><td>90</td><td>1</td></tr>
<tr><td>M3</td><td>5 年一遇(Q30T70)</td><td>50</td><td>90</td><td>1</td></tr>
<tr><td>M4</td><td>5 年一遇(Q45.25T45.25)</td><td>50</td><td>90</td><td>1</td></tr>
<tr><td>M5</td><td>10 年一遇(Q30T35)</td><td>50</td><td>90</td><td>1</td></tr>
<tr><td>M6</td><td>20 年一遇(Q30T18)</td><td>50</td><td>90</td><td>1</td></tr>
<tr><td>M7</td><td>50 年一遇(Q30T7.5)</td><td>50</td><td>90</td><td>1</td></tr>
<tr><td>M8</td><td>10 年一遇(Q30T35)</td><td>70</td><td>90</td><td>1</td></tr>
<tr><td>M9</td><td>10 年一遇(Q30T35)</td><td>50</td><td>120</td><td>1</td></tr>
<tr><td>M10</td><td>20 年一遇(Q30T18)</td><td>50</td><td>90</td><td>1</td><td>圆弧形勾头</td></tr>
<tr><td>M11</td><td>20 年一遇(Q30T18)</td><td>50</td><td>90</td><td>1</td><td>扇形勾头</td></tr>
<tr><td>M12</td><td>20 年一遇(Q30T18)</td><td>50</td><td>90</td><td>1.5</td><td>圆弧形直头</td></tr>
<tr><td>M13</td><td>10 年一遇(Q30T35)</td><td>50</td><td>90</td><td>1.5</td><td>圆弧形直头</td></tr>
<tr><td>M14</td><td>10 年一遇(Q30T35)</td><td>50</td><td>90</td><td>1.5</td><td>圆弧形勾头</td></tr>
<tr><td>M15</td><td>10 年一遇(Q30T35)</td><td>50</td><td>90</td><td>1.5</td><td>扇形勾头</td></tr>
<tr><td>M16</td><td>20 年一遇(Q30T18)</td><td>50</td><td>90</td><td>2</td><td>圆弧形直头</td></tr>
<tr><td>M17</td><td>10 年一遇(Q12.38W20)</td><td>50</td><td>90</td><td>1</td><td rowspan="6">圆弧形直头</td><td rowspan="6">年最大洪峰与半月最大洪量组合</td></tr>
<tr><td>M18</td><td>10 年一遇(Q15W15)</td><td>50</td><td>90</td><td>1</td></tr>
<tr><td>M19</td><td>10 年一遇(Q20W12.38)</td><td>50</td><td>90</td><td>1</td></tr>
<tr><td>M20</td><td>20 年一遇(Q20W5.38)</td><td>50</td><td>90</td><td>1</td></tr>
<tr><td>M21</td><td>30 年一遇(Q30W3.47)</td><td>50</td><td>90</td><td>1</td></tr>
<tr><td>M22</td><td>20 年一遇(Q20W5.38)</td><td>70</td><td>90</td><td>1</td></tr>
</table>

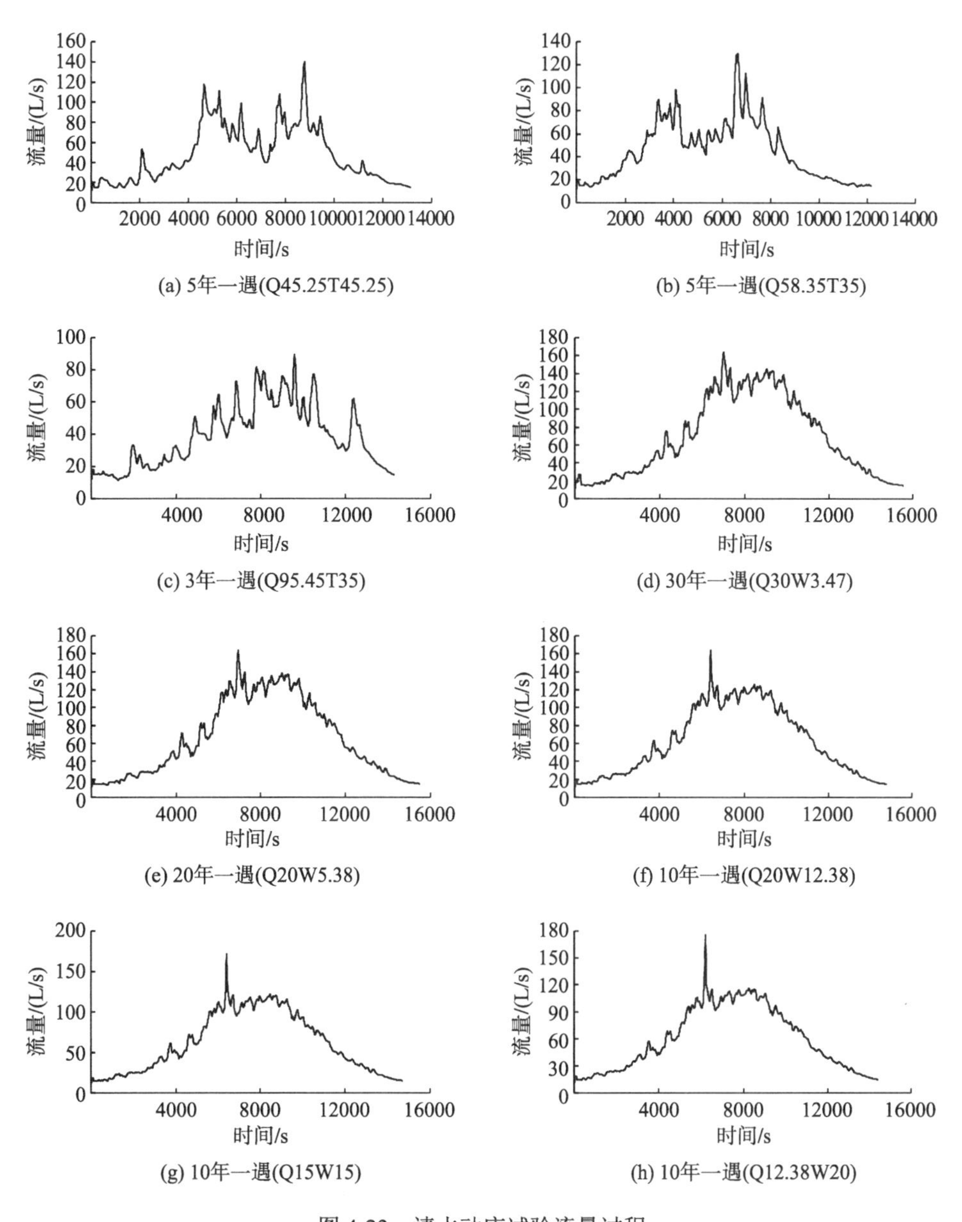


(a) 5年一遇(Q45.25T45.25)　(b) 5年一遇(Q58.35T35)

(c) 3年一遇(Q95.45T35)　(d) 30年一遇(Q30W3.47)

(e) 20年一遇(Q20W5.38)　(f) 10年一遇(Q20W12.38)

(g) 10年一遇(Q15W15)　(h) 10年一遇(Q12.38W20)

图 4-23　清水动床试验流量过程

(2) 丁坝长度：为了弄清不同收缩比下丁坝周围局部冲刷的差别，坝长采用50cm 和 70cm 作对比研究，见表 4-3。

(3) 挑角：山区河流卵石滩整治一般采用正挑和下挑丁坝，本次试验采用挑角为 90°和 120°的丁坝作对比分析见表 4-3。

(4) 坝头形状：采用山区河流航道整治中比较常见的三种形式，即圆弧直头、圆弧勾头和扇形勾头，见图 4-3。

(5)坝体材料：采用散抛石坝，抛石粒径为 6～12mm 的混合碎石。

(6)模型沙：试验模型沙选用 $d_{50}$ 为 1mm、$\gamma$=2.65t / m$^3$ 的天然石英砂，经筛分按选用级配配比制成，级配曲线见图 4-4。

2. 动床试验内容

(1)观测各流量过程作用下坝体和坝头冲刷水毁的程度及其随冲刷时间的变化情况。

(2)实时观测和跟踪各流量过程作用下坝头下游冲刷坑的形成、发展过程，记录冲刷坑的几何尺寸和最大冲深随冲刷时间的变化情况。

(3)观测各流量过程作用下丁坝水毁的部位及坝体块石滚落和坝体塌陷的特点。

(4)观测随着冲刷过程的发展丁坝上下游水位的变化情况。

(5)测量各流量过程作用下整个动床段的最终冲刷地形。

## 4.4 小　　结

(1)根据长江上游航道常见的丁坝结构形式进行了丁坝正态概化设计，考虑试验水槽宽度和供水系统的实际情况，模型平面比尺确定为 1∶40，在此基础上以流速作为控制因素，结合长江上游洪水特点和水槽率定结果，确定了流量比尺，考虑到丁坝是典型的阻水建筑物，以阻力相似准则确定了模型的时间比尺。

(2)介绍了本书试验所用到的仪器设备及其性能，仪器的率定结果均表明其具有较好的稳定性，能够保证试验数据的可靠性。

(3)模型试验分为清水定床和清水动床两部分，并分别说明了定床和动床试验的方案和内容。

# 第5章　非恒定流条件下丁坝水流结构及紊动特性研究

## 5.1　丁坝附近的水流流态

### 5.1.1　非淹没丁坝附近的水流流态

如图 5-1 所示，由于丁坝的存在，增大了水流所受的阻力，水流行近丁坝时受其壅阻作用，纵比降逐渐趋于平缓并在靠近丁坝区域出现负比降，形成坝前壅水，流速也逐渐降低，同时还产生一个角涡。角涡以外的水流由上游向丁坝断面的运动过程中逐渐归槽，流速逐渐加大的同时局部水面降低，在坝前产生下潜水流。当水流接近丁坝断面(Ⅰ—Ⅰ断面)时，坝头附近的垂线流速分布趋于均匀，水面和槽底的流速差减少，受坝头处水流的压缩，垂线平均流速在宽度方向也发生了重新分配。水流绕过丁坝后，水流突然失去丁坝的制约，但由于水流惯性力的作用，将发生流线分离和水流进一步收缩的现象，在距丁坝$l_c$处，形成一个收缩断面(Ⅱ—Ⅱ断面)，此时流线彼此平行，动能最大，流速最大。在收缩断面下游，水流逐渐扩散，动能减少而位能增大，至$A$点时，水流的压缩程度等于丁坝断面。在这以下水流扩散，慢慢恢复到天然状态下河宽$B$的水流状态，故称$A$点处的断面为扩散断面(Ⅲ—Ⅲ断面)。

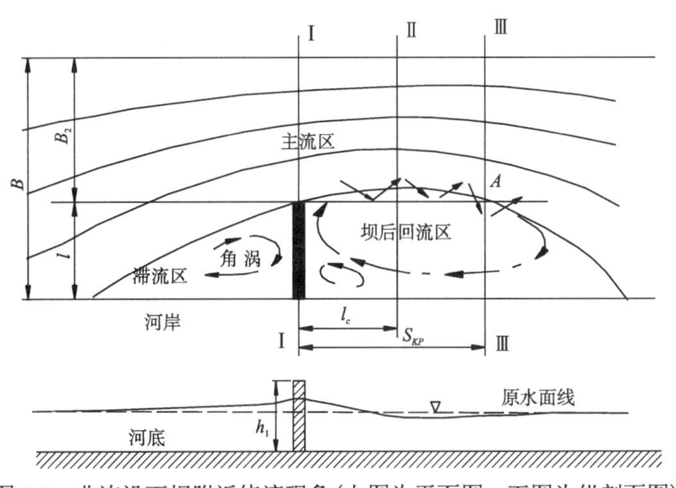


图 5-1　非淹没丁坝附近绕流现象(上图为平面图，下图为纵剖面图)

在丁坝上下游形成几个回流区，下面将着重分析回流区的形成原因。水槽中设置丁坝后，压缩了水槽的有效过水断面，被压缩的水流绕过坝头后，产生水流边界层的离解现象和漩涡，水流的流速场和压力场都发生了明显的变化，流动呈现出高度的三维特性(应强，1995)。

在丁坝上游，行进丁坝的水流由于边壁的突然缩小，使得水流和槽壁脱离，在主流和边壁间形成漩涡。漩涡区的范围为主流和槽壁的脱离点与坝头和坝根三点形成的三角区，同时由于主流和漩涡区内的水流又沿坝头到坝根再到脱离点的方向旋转，这样在丁坝上游附近就形成了一个闭合的回流区(也称滞流区)，一般称为上回流区。

受丁坝阻挡的水流，无论是下沉、上翻或者在平面上转向后都将绕过坝头而下泄，下泄水流与坝后静止水流之间存在流速梯度，产生切应力。坝后静水在此切应力作用下流动开始形成副流，同时此副流的一部分在主流的携带下随主流一起流向水槽下游。按照流体的连续性，靠近槽壁的静水必然向前补充，这样水流在丁坝后部就形成了一个闭合的回流区，一般称为坝后回流区。回流区中不平衡的压力和流速分布，导致丁坝下游形成向槽壁运动的近底螺旋流。

水流绕过丁坝头部时，其流线曲率、速度旋度的垂直分量及压力梯度都很大。因此，水流绕坝头一定角度(30°～80°)后，坝头水流边界层即发生分离，分离点以下出现旋转角速度较大的垂直轴漩涡，丁坝头部是涡源所在。粗略地说，漩涡是每隔一段时间产生一个并向下游移动，所以，固定点处的速度、流向和压力发生周期性脉动。漩涡的产生具有一定的能量，而运动的路径以及消灭过程都是随机的，丁坝下游在一个较大范围内，水流速度、流向及水位脉动强度均较大，回流长度和宽度亦存在一定幅度的摆动。

水流受丁坝的影响，两岸纵向水面线是不一样的：丁坝所在的一侧，上游因坝体阻挡产生局部壅水，水面线有较短距离的逆坡；水流绕过坝头后，水位急剧降落，再向下游水位上升呈倒坡，并延伸到回流区以下，这为坝后回流区的形成提供了动力，这是近壁处产生逆向流动的根本原因。受丁坝影响，在丁坝上游，行进丁坝的水流速度有所降低，同时，因绕过坝头其方向也向对岸偏转，在丁坝轴线断面上流速分布发生剧烈的变化，在坝头处，流速接近于零，在坝头向外，流速迅速增加，并达到最大值，然后逐渐减小。坝轴线以下，收缩断面上主流的平均流速最大，往下则沿程减小。

### 5.1.2 淹没丁坝的水流流态

根据试验观察发现，丁坝被水淹没后，丁坝的束水作用大大降低，坝下回流区随水流不断升高而消失。淹没丁坝的水流明显地被坝体分成面流和底流两部分。

坝顶以上的面流基本上保持原水流方向不变，在坝体附近及其下游，面流受底流影响流速有所减小，流向也稍许向坝头方向偏转。而坝顶以下的底流，从上游绕过坝顶，在坝下形成一个很强的水平轴回流区(王军，1998)。这个平轴漩涡体系可以将坝下游回流区底沙卷向上游，使丁坝背水面边坡淤积；同时，底流还因坝头平面绕流，像非淹没丁坝一样存在一个竖轴绕流漩涡，形成底流的下游竖轴回流区，因为面流的牵制作用，淹没丁坝较非淹没丁坝的下游回流大为消弱。根据上述观察分析，可绘成淹没丁坝水流结构，如图 5-2 所示。

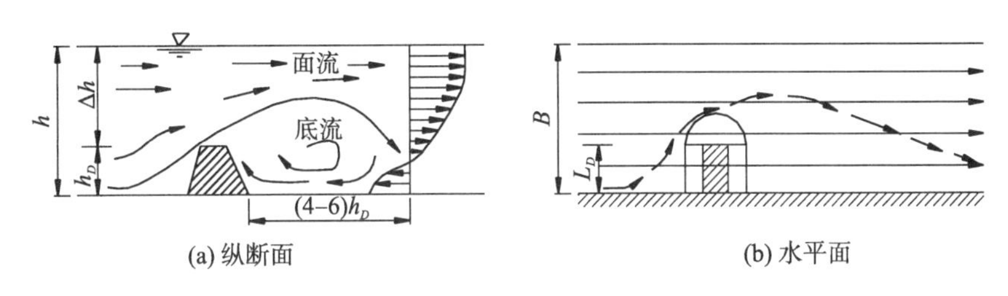


(a) 纵断面　　(b) 水平面

图 5-2　淹没丁坝附近水流流态示意图

## 5.2　水面线分布规律

### 5.2.1　单个测点水位随时间变化规律

图 5-3 为工况 2 时 7 个纵断面各测点水位随时间的变化情况，图中图例如“2-3”表示 2#纵断面第 3 个测点(下同)。从图 5-3 可以看出，总体上各测点水位变化与流量变化之间具有很好的一致性，即各测点水位值随着流量的增大而增大，随着流量的减小而减小。但同时也呈现出一些不同的变化特征，如距离丁坝较远的 6#、7#纵断面的水位变化曲线较其他断面平滑，说明此处水流比较平顺，紊动较弱；其他几个断面除丁坝坝轴线以上的 1、2 号测点水位变化过程线均比较平滑外，其余测点水位随时间变化曲线均呈现水位频繁波动的现象，且流量越大水位波动越剧烈。其中 3#和 4#纵断面 3 号以下测点水位变化最为频繁，这是由于 1、2 号测点位于丁坝上游，上游水流遇到丁坝其所受阻力增大，但只是造成上游出现不同程度的壅水，没有对上游流态造成大的影响；1#～5#纵断面 3 号以下各测点位于丁坝下游回流区或坝头影响的漩涡区，这些区域水流流态紊乱，特别是受到上游来流量的剧烈变化的影响，其紊动或涡流强度更大，势必造成水位变化比较剧烈；而 3#和 4#纵断面 3 号以下测点由于位于坝头漩涡中心区域，此处流态最为紊乱、涡流强度也最大，故水位过程线与流量过程线呈现出不同的变化趋势。丁坝上游水面线随着流量的不同，水面比降也时刻发生着变化，流量较小时比降为正，流量较大时比降为负，通过图 5-4 可以看出这一流量临界值约为 80L/s(水位差为正

值表示负比降）。此外，各测点水位过程与流量过程存在一个相位差，即流量达到最大值时水位还未达到最大值，水位达到最大值的时间滞后于流量达到最大值的时间。其余工况各测点水位随时间变化情况与此类似，此处不加赘述。

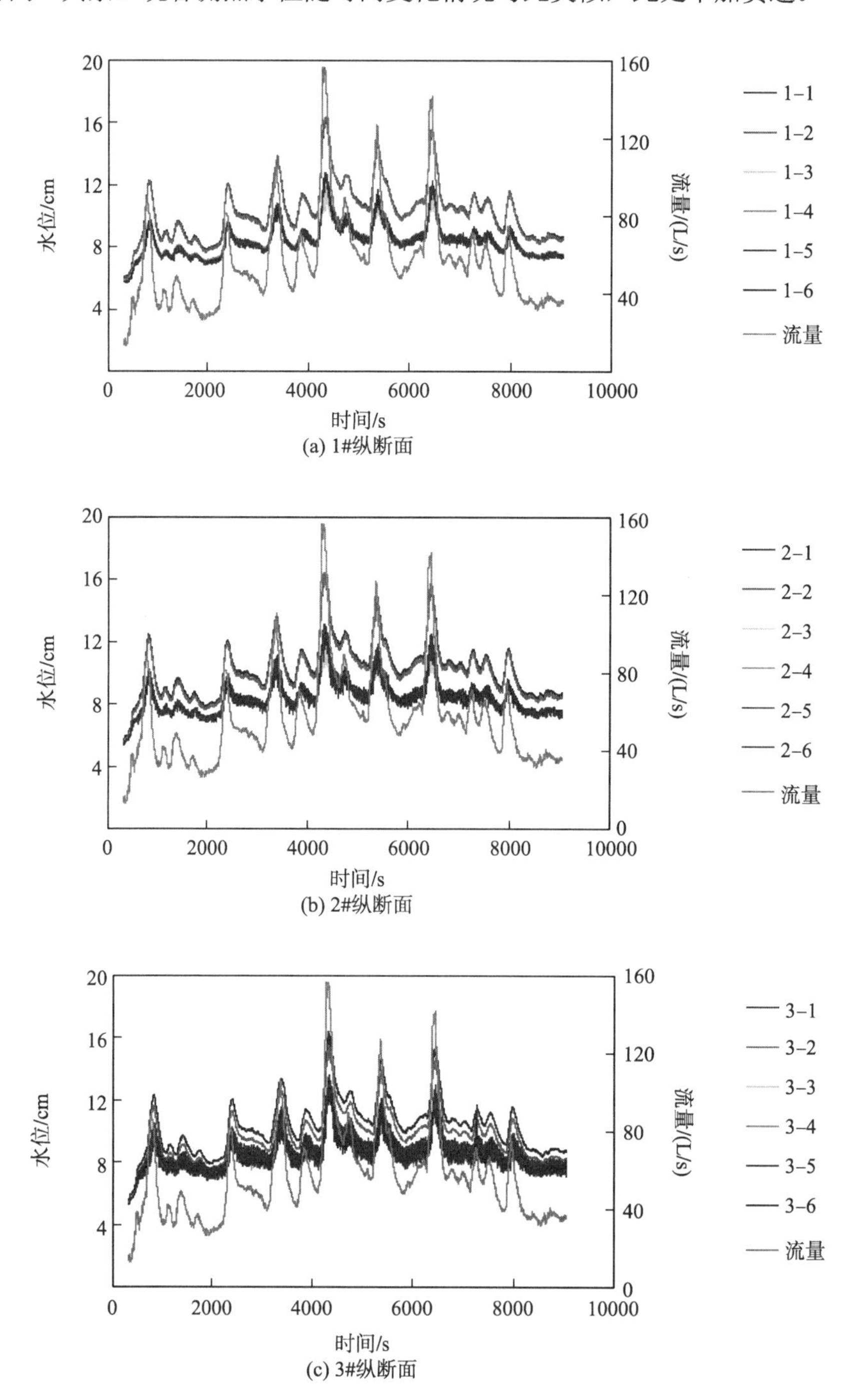


(a) 1#纵断面

(b) 2#纵断面

(c) 3#纵断面

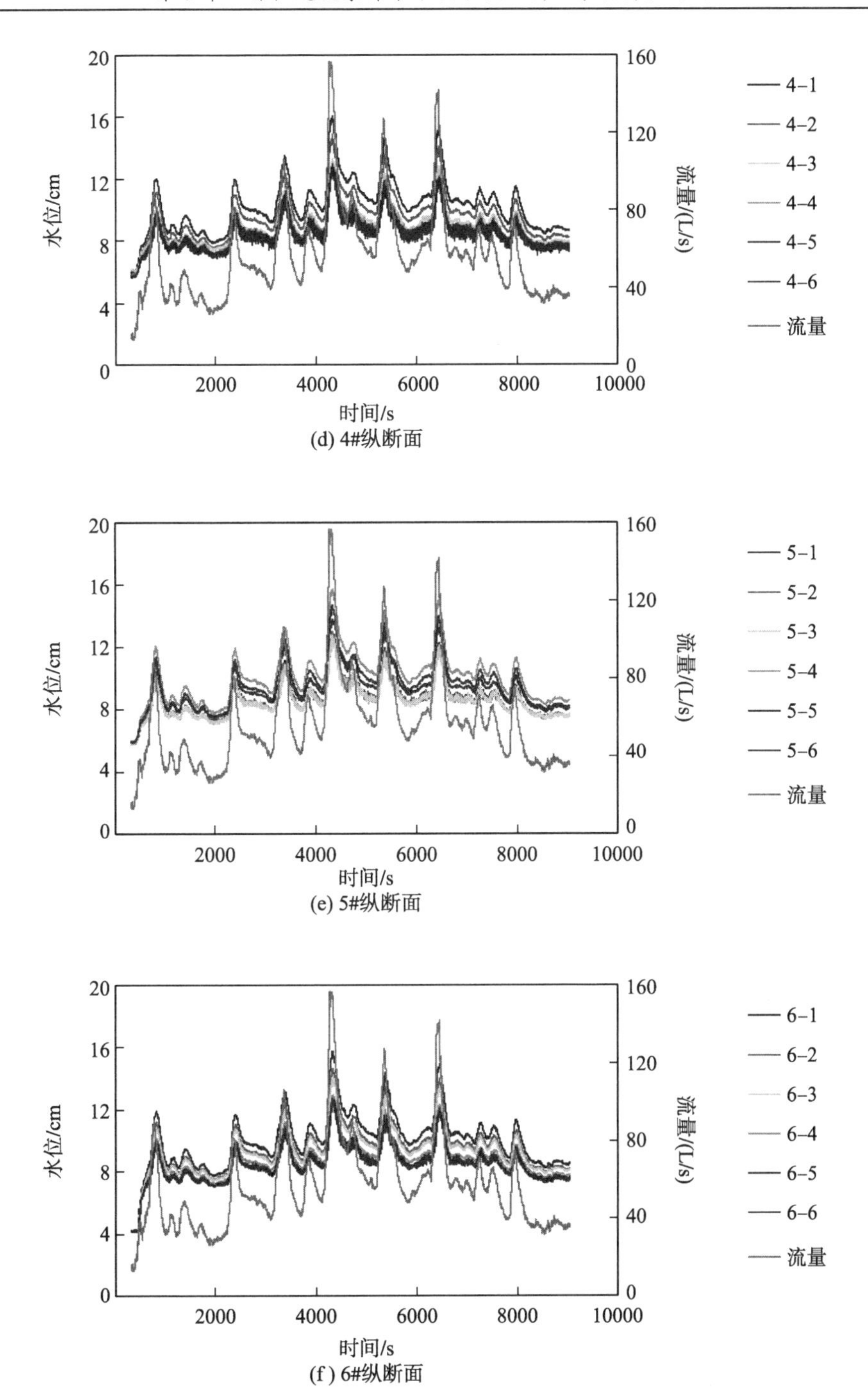


(d) 4#纵断面

(e) 5#纵断面

(f) 6#纵断面

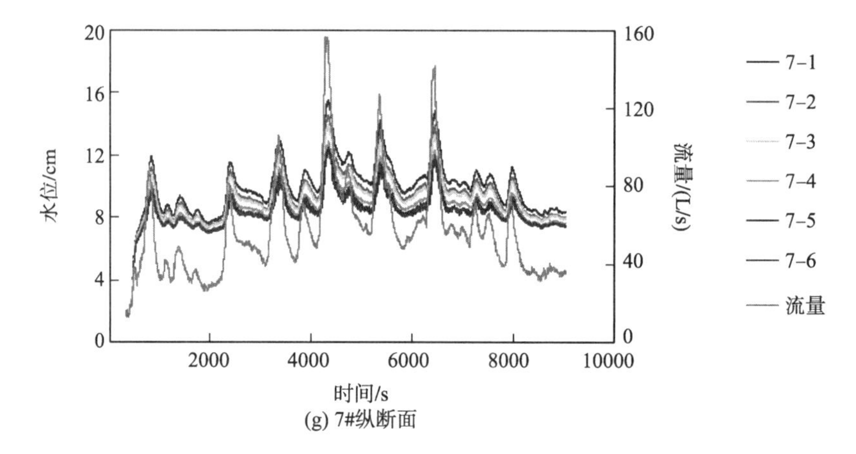


(g) 7#纵断面

图 5-3 工况 2 各测点水位随时间变化及与流量的对应关系(后附彩图)

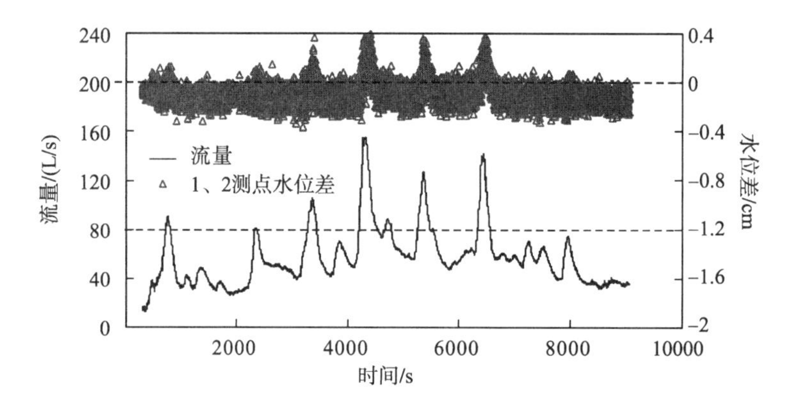


图 5-4 工况 2 时 1#纵断面 1、2 号测点水位差及随时间变化过程

### 5.2.2 纵向水面线分布

水面线沿纵向的分布反映水流所受阻力沿程的变化规律，因此，为了弄清沿程阻力变化趋势，以工况 2 为例给出了各纵断面在涨水期、落水期及最大洪峰流量时纵向水面线变化曲线，见图 5-5。

由图 5-5 可知，各纵断面在同样的流量下涨水期水位小于落水期水位，这是由于虽然流量相同，但所对应的边界条件不同，即涨水时上游先涨水，使水面坡度变陡，落水时同样是上游先退水，使水面坡度变缓，见图 5-6。与恒定流相比，非恒定流则在涨水过程中附加水面坡度为正，流量比为恒定流时大；落水过程中，附加水面坡度为负，流量比为恒定流时小，从而形成了逆时针方向的绳套曲线(图 5-7)，从图 5-7 可见，对于同一流量，涨水期水位要小于落水期水位。

1#～3#纵断面坝轴线前后的两测点，由于丁坝的壅水及水流绕过坝头后下潜水流的影响，使得其水位落差较大，在 3 号测点水位达到最小值，此后水位逐渐回升，并趋于正常；5#～7#纵断面在 4 号和 5 号测点之间比降较大，这是由于丁坝下游水面收缩断面位于 4 号和 5 号测点之间，水流在越过收缩断面之后水位降幅较大。

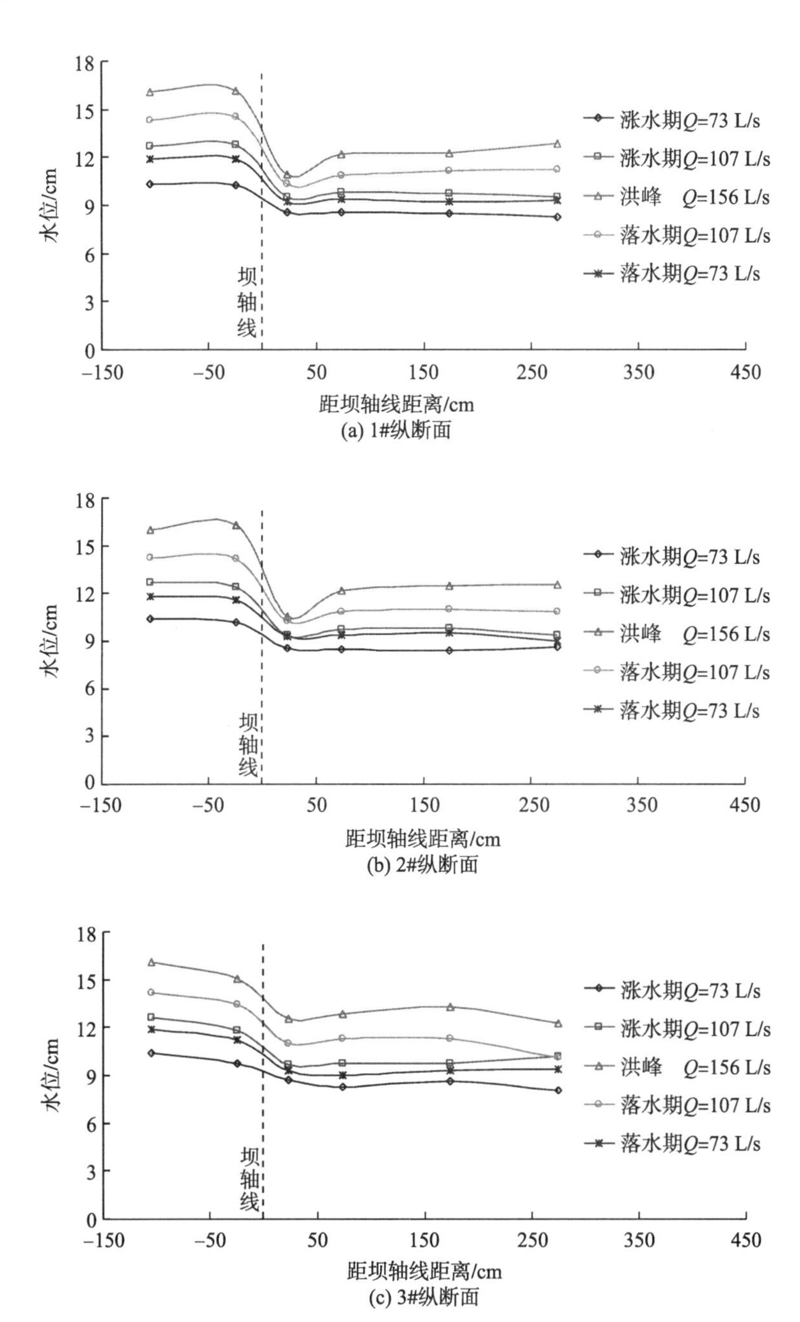


(a) 1#纵断面

(b) 2#纵断面

(c) 3#纵断面

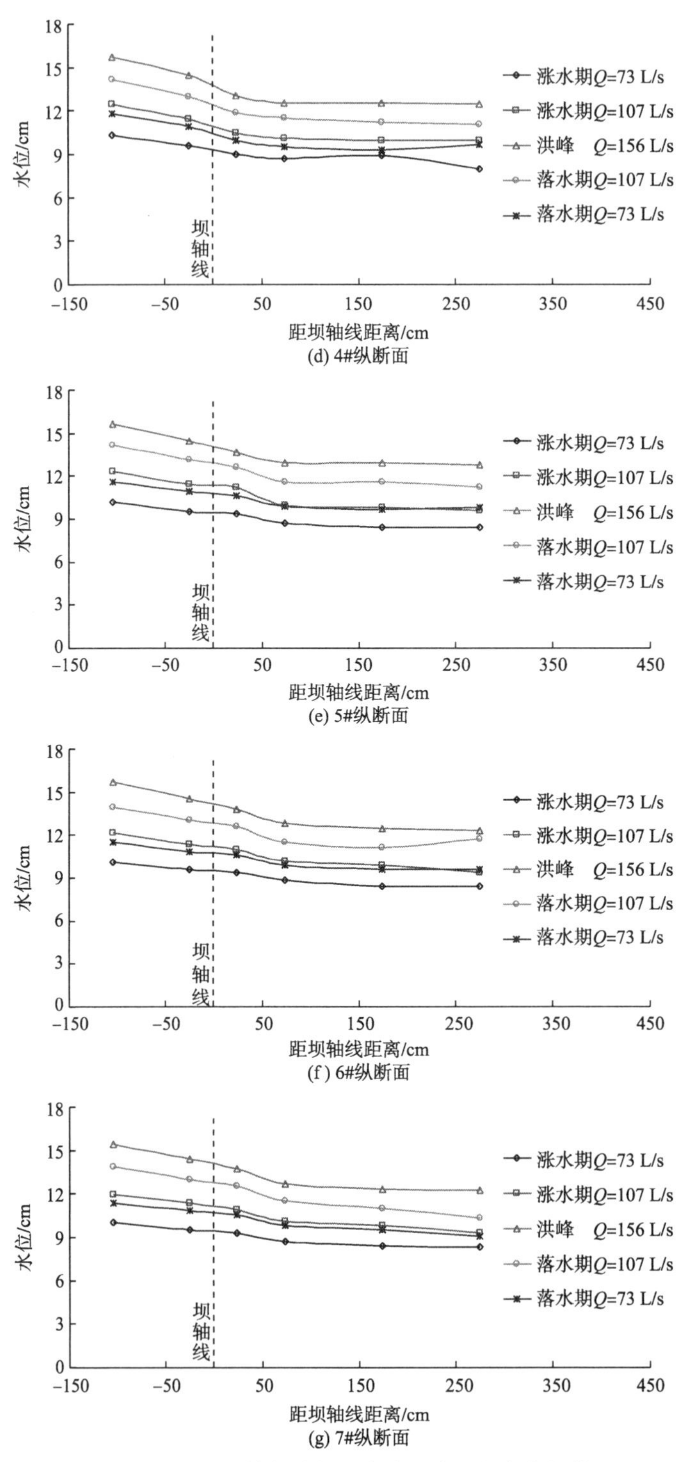


图 5-5 工况 2 特征时刻纵向水面线沿程变化规律

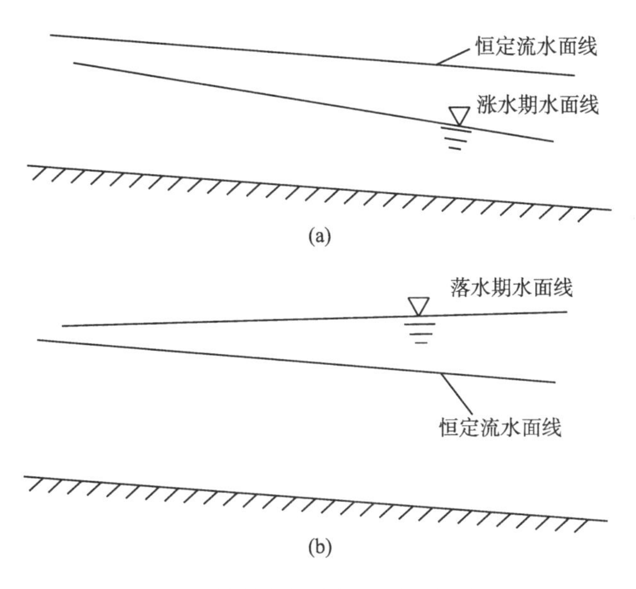


图 5-6　涨落水与恒定流水面线对比

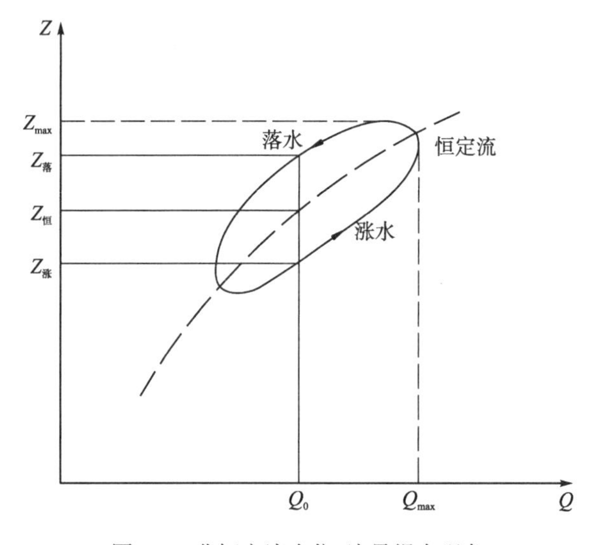


图 5-7　非恒定流水位-流量绳套现象

### 5.2.3　横向水面线分布

为了对比分析不同时刻横向水面线变化规律，选择工况 2 涨落水期流量分别为 73L/s、107L/s 及洪峰流量为 156L/s 的 5 个时刻，绘出其横向水面线变化曲线，见图 5-8。

从图 5-8 可以看出，距离丁坝较远的上游 1#横断面，左岸(丁坝所在岸)由于受到丁坝的壅水作用其水位略高于右岸，但整体来说水位沿横向变化不大；位于丁坝迎水坡坡脚的2#横断面，由于距离丁坝较近，受丁坝影响较大，左岸水位相对右岸水位抬高较多，1 号和 2 号测点位于丁坝上游，两者水位差别不大，但 3 号测点位于坝头向河坡坡脚所在纵断面，受到绕过坝头下潜水流的影响，3 号测点水位明显较 2 号测点水位小，故在 2、3 号测点间出现水位陡降的现象，3 号至 7 号测点之间水位变幅不大，水面趋于平缓；位于丁坝背水坡坡脚的 4#横断面和距离坝轴线 73.75cm 的 5#横断面，左岸 1 号至 3 号测点处于丁坝下游，水流受丁坝阻挡造成此处水位低于同断面靠右岸主流区各测点水位；距离坝轴线 173.75cm 的 6#横断面，流量较大时水位变幅较小，流量较小($Q$=73L/s)时涨水过程与落水过程横向水面线变化趋势不尽一致，表现为涨水时水位最大值出现在 4 号测点、落水时水位最大值出现在 3 号测点，这是由于涨水过程中，上游来流量不断增大，受丁坝压缩主流区过水面积的影响，在下游收缩断面的水位最大值出现在主流区与回流区的交界面上(4 号测点所处位置)，而在落水过程中，上游流量首先减小，主流区流量及水位降低速率要大于回流区，处于回流区与主流区边缘的 3 号测点由于受到丁坝的遮挡，落水过程中其水位降低较慢，故落水期 3 号测点水位最大；距离坝轴线 273.75cm 的 7#横断面，总体来看左岸回流区水位低于右岸主流区水位，不同时刻位于主流区与回流区交界区域的 3 号和 4 号测点，由于此处水流紊动较剧烈，水位变化频繁，故图中出现不同时刻此区域水位时高时低的现象。

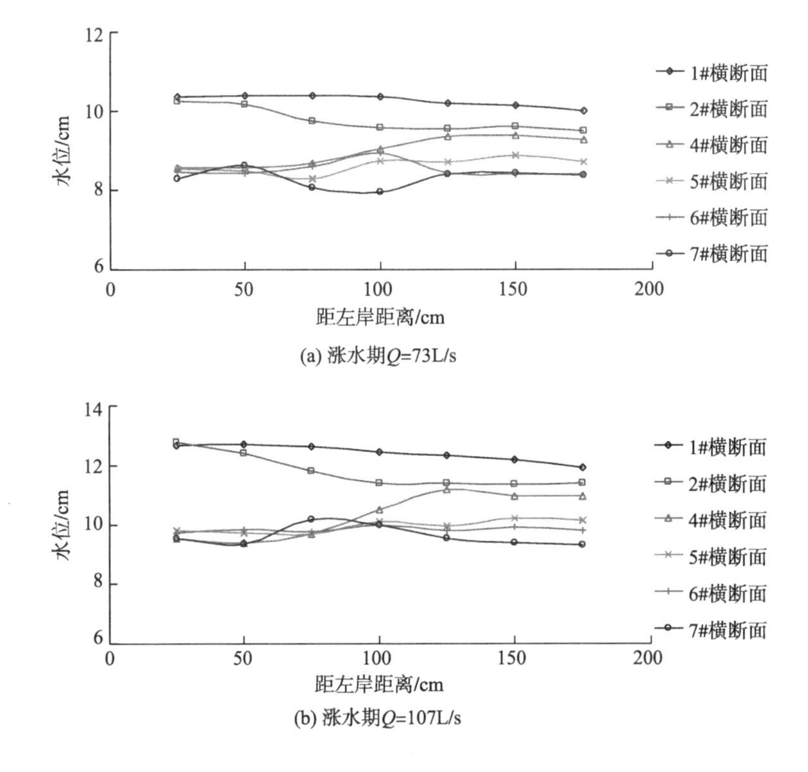


(a) 涨水期$Q$=73L/s



(b) 涨水期$Q$=107L/s

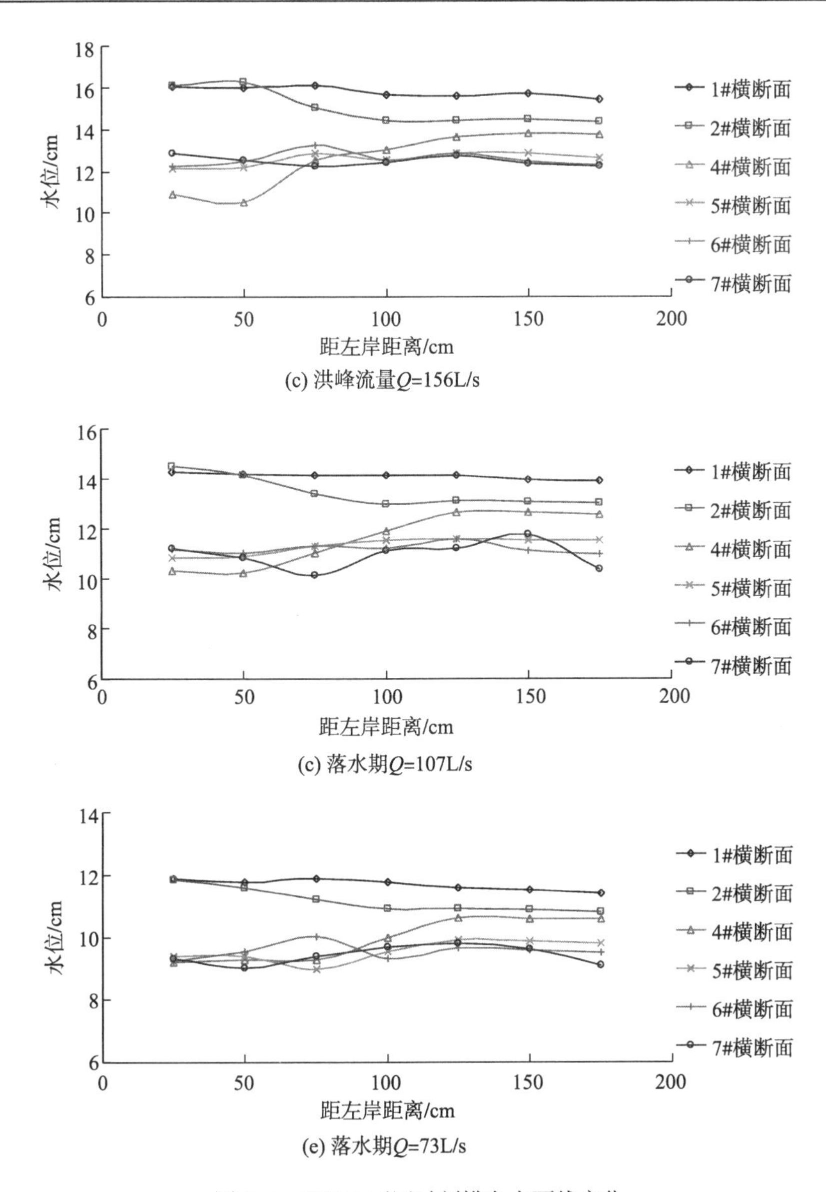


(c) 洪峰流量$Q$=156L/s

(c) 落水期$Q$=107L/s

(e) 落水期$Q$=73L/s

图 5-8　工况 2 不同时刻横向水面线变化

### 5.2.4　坝身上下游跌水高度确定方法

通过分析原型观测及试验资料发现，丁坝水毁与否及其水毁的程度与丁坝上下游水位落差的大小密切相关。苏伟(2013)研究了水流顶冲丁坝坝身时其上下游在不同水位落差作用下坝身水毁的程度，研究结果表明坝身前后跌水高度达到 5.0cm 时，散抛石坝体已经被完全破坏。

图 5-9 和图 5-10 分别表示工况 1～4(50cm 正挑圆弧直头丁坝)涨水期和落水

期丁坝上下游跌水高度与流量之间的关系，从中可以看出无论是涨水期还是落水期，丁坝上下游跌水高度都随着流量的增大而增大，且与流量均保持较好的线性关系(最小相关系数为 0.919)，因为工况 1～4 分别为 5 年一遇、10 年一遇、20 年一遇、50 年一遇的流量过程，且这些流量过程均为随机仿真模拟的过程，不同于以往研究非恒定流采用的正弦波、余弦波或三角波过程，故可以认为丁坝上下游跌水高度与流量具有良好的线性关系是合乎实际的。此外，对比图 5-9 和图 5-10，不难发现同一流量下涨水期跌水高度要小于落水期跌水高度，因此，在计算丁坝上下游跌水高度(或水位落差)时，应将涨水期与落水期区别对待。

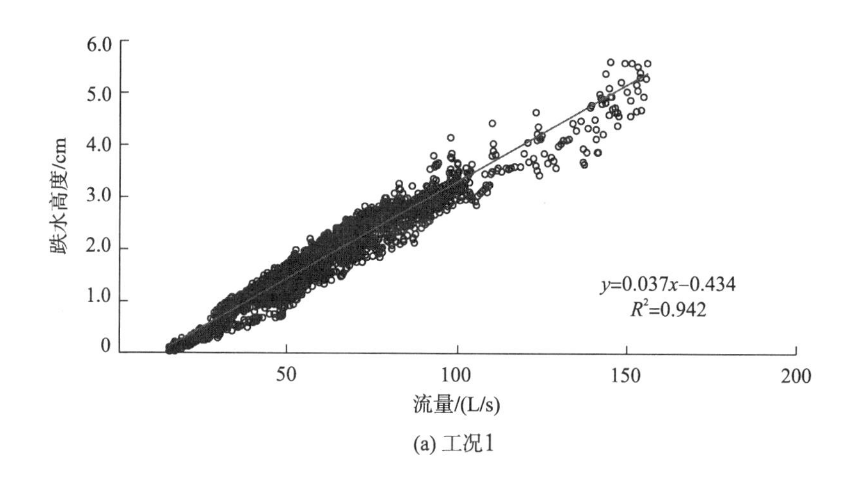


(a) 工况1

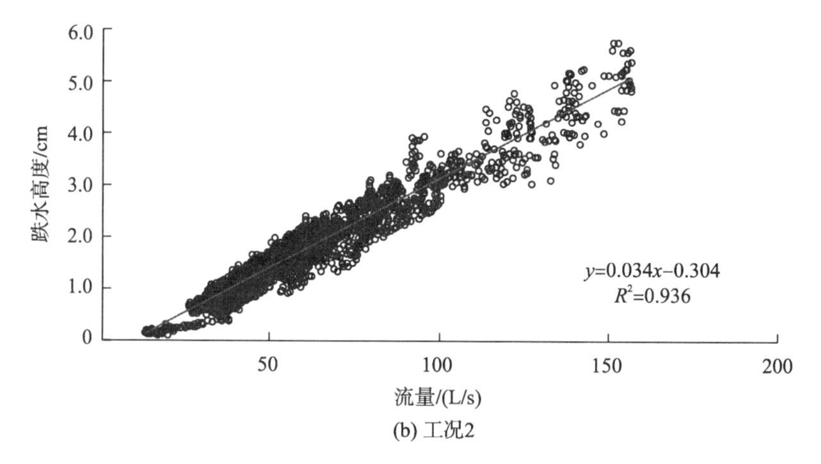


(b) 工况2

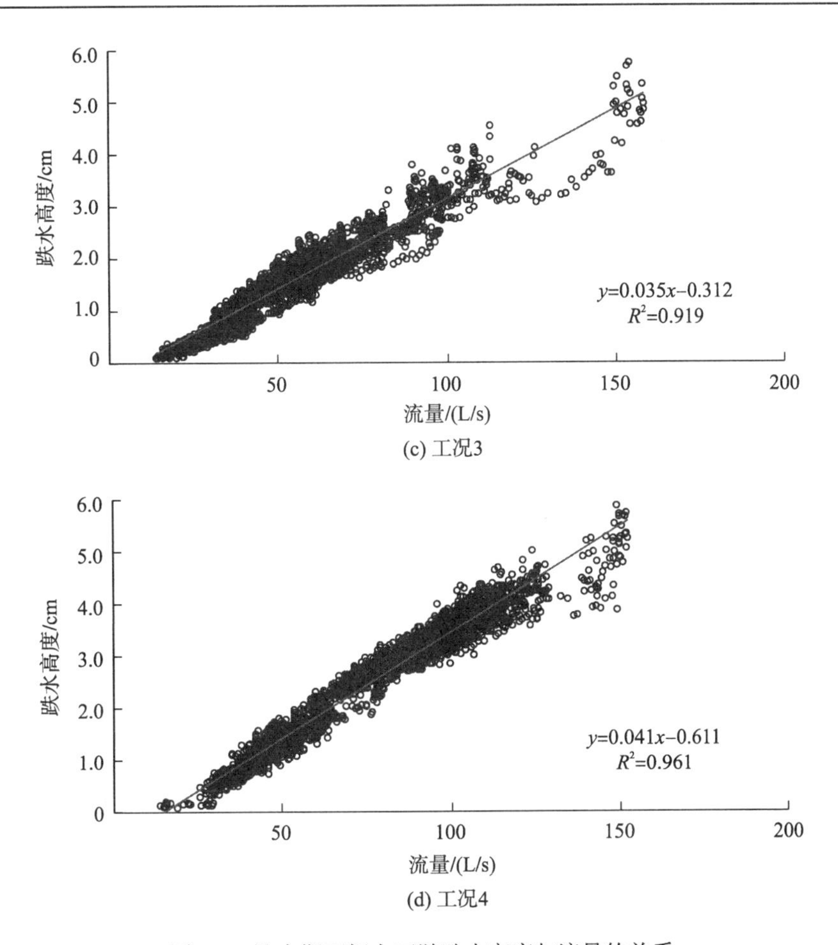


(c) 工况3

(d) 工况4

图 5-9　涨水期丁坝上下游跌水高度与流量的关系

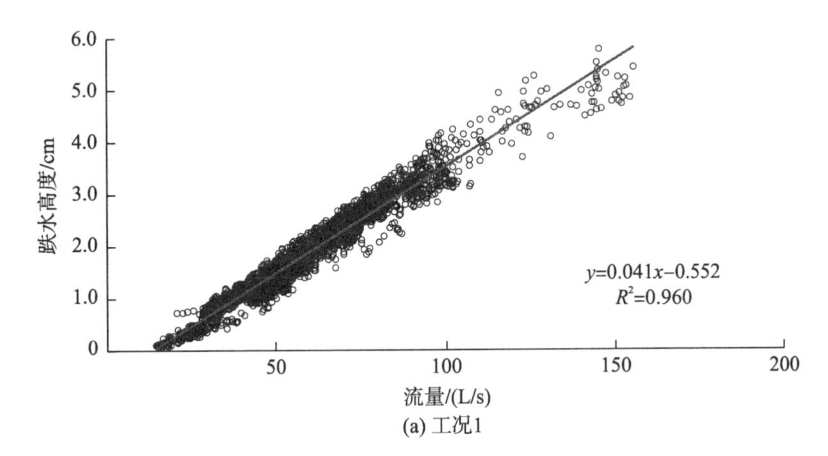


(a) 工况1

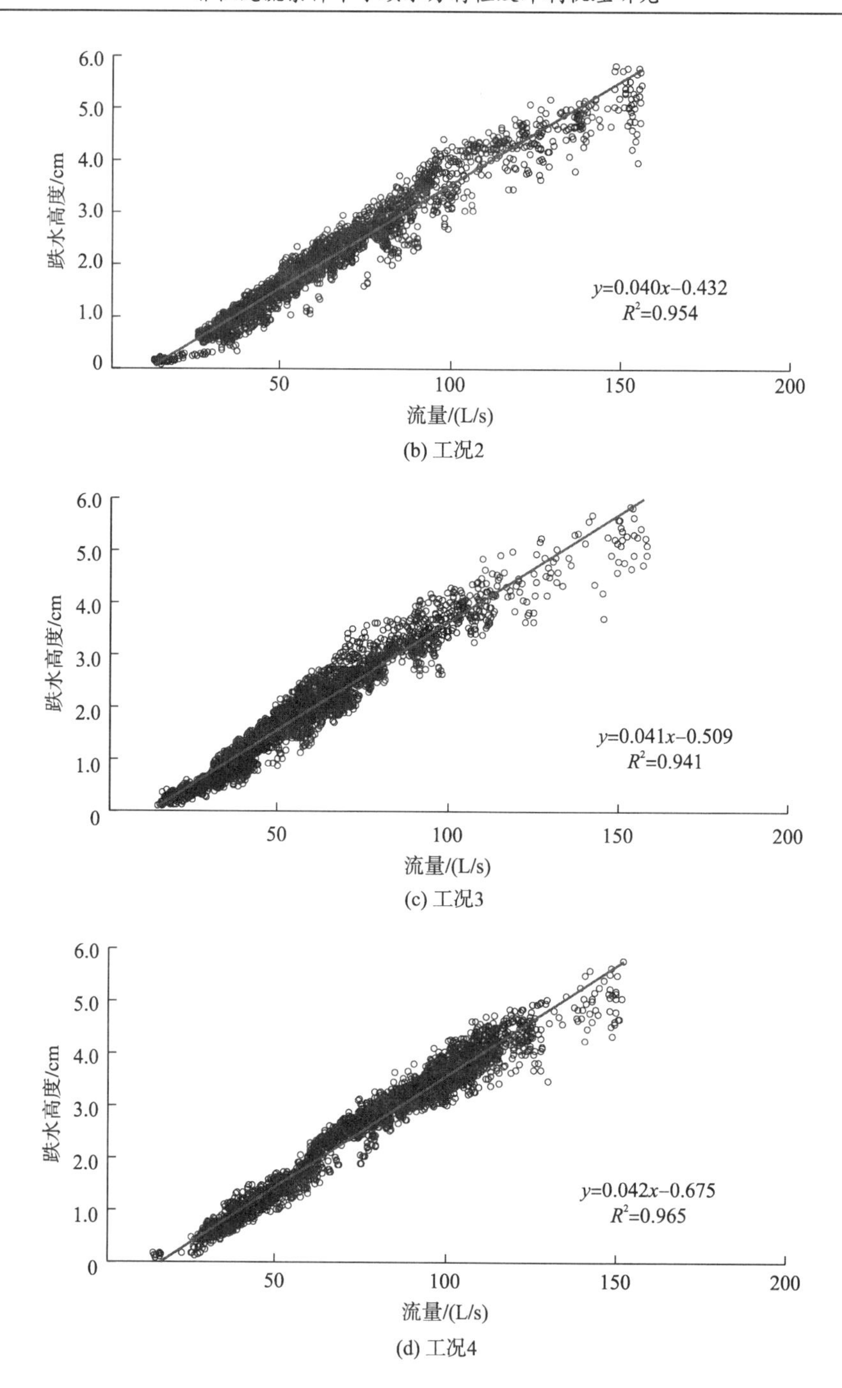


(b) 工况2

(c) 工况3

(d) 工况4

图 5-10 落水期丁坝上下游跌水高度与流量的关系

图 5-11 给出了坝长与丁坝上下游跌水高度之间的关系，表明坝长越长跌水高度越大，呈指数增长变化趋势。由此可见，丁坝上下游跌水高度与流量及坝长均

有较明显的关系。

为了使建立的关系具有较明确的物理意义，将流量及坝长参数无量纲化后，分别建立了涨水期与落水期丁坝上下游跌水高度与对应流量及坝长之间的关系式：

$$\Delta h_u = 0.157h\left(\frac{Q}{Q_0}\right)^{1.418}\left(\frac{L}{B}\right)^{1.372}$$
$$\Delta h_d = 0.182h\left(\frac{Q}{Q_0}\right)^{1.433}\left(\frac{L}{B}\right)^{1.447} \tag{5-1}$$

式中，$\Delta h_u$ 为涨水期跌水高度，$\Delta h_d$ 为落水期跌水高度，$h$ 为丁坝高度，单位为 m；$\frac{Q}{Q_0}$ 为相对流量，其中 $Q_0$ 为基础流量，$Q$ 为对应流量，单位为 $m^3/s$；$\frac{L}{B}$ 表示丁坝对水流束窄程度的影响，其中 $L$ 为坝长，$B$ 为河宽，单位为 m。

$Q_0$ 在计算时取 $5000m^3/s$，这是由于本书研究的是丁坝相关的问题，一般来说丁坝布置在滩地上，流量较小时河滩水位较低，水流对丁坝基本不会造成破坏。已有经验表明长江上游推移质起冲流量多为 $4000\sim10000m^3/s$，动床试验观察到坝体周围床沙开始发生运动时模型流量约为 20L/s（相当于原型 $6800m^3/s$），故综合来看 $Q_0$ 取 $5000m^3/s$ 是基本合理的。

从图 5-12 可以看出，计算值与实测值吻合较好，只是跌水高度较大时计算值较实测值稍大，工程实际应用偏安全。需要说明的是，公式(5-1)及后面的相关公式都是在 $\frac{L}{B}$ 为 0.25～0.4 时得到的，使用时应注意这一适用条件。

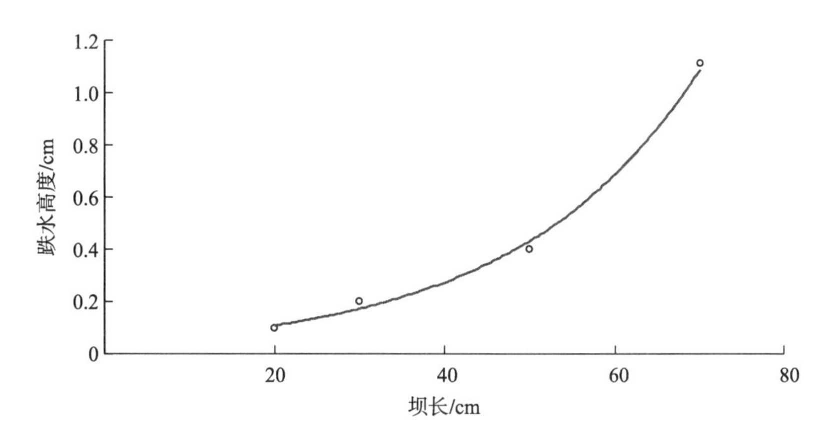


图 5-11　丁坝上下游跌水高度与坝长的关系

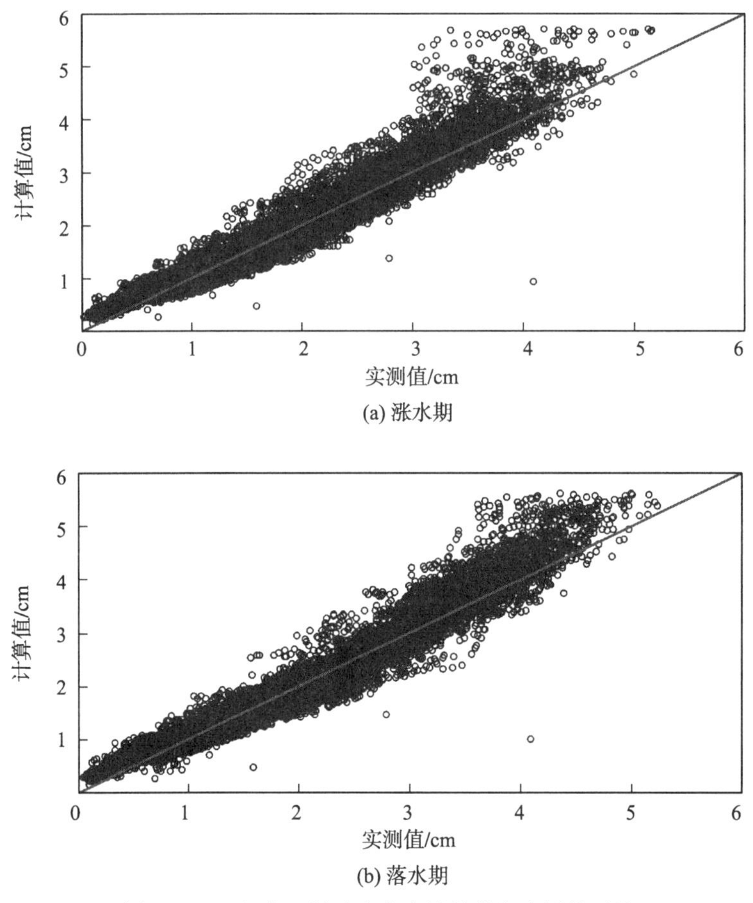

(a) 涨水期

(b) 落水期

图 5-12 丁坝上下游跌水高度计算值与实测值对比

## 5.3 纵向平均流速分布规律及计算公式

### 5.3.1 横断面流速分布

河道中布置丁坝后，其附近水流流态被重新调整，坝轴线上下游断面流速分布也发生变化，研究丁坝周围横断面流速分布变化对于分析丁坝及其周围床面冲刷具有重要意义。因此，本节以工况 3 为例给出了非恒定流条件下洪峰流量及涨落水期各横断面流速分布情况，见图 5-13。

从 7 个横断面的整体变化趋势来看，流量大时横断面流速也较大，这与恒定流条件下流速分布规律是相同的，不同的是非恒定流条件下涨水期与落水期横断面流速分布是不同的，表现出同一横断面各测点流速落水期要大于涨水期，且涨落水期流速差值最大位置出现在坝轴线下游 4#横断面，坝轴线 3#横断面次之，其余各断面沿上下游逐渐较小；除上游 1#横断面和 2#横断面受丁坝影响较小外，其余各断面主流区流速均要大于坝上或回流区流速。

从各断面流速横向分布来看，1#横断面流速相对比较平稳，流速沿横断面变化不大。2#横断面靠左岸丁坝所在一侧受丁坝壅水作用，丁坝长度范围内流速较小，其他测点流速较大且变化不大，表现为从左岸至丁坝长度范围内流速逐渐增大，此后逐渐趋于平稳。3#横断面流量较大时图上表现为左岸流速较大，这是由于该断面为丁坝坝轴线所在断面，左岸 1、2 号测点位于坝顶，而其他测点位于距离床面 5cm 处，而流量较大时翻坝水流流速较大，靠近坝头处流速则更大；流量较小时，水位较低，丁坝处于刚好淹没或未淹没状态，所以左岸流速较小，其中 2 号(距左岸 50cm)测点位于坝顶头部水深更小，在测量过程中旋桨处于周期性淹没状态，故测量值偏小；流速最大值位于坝头处(距左岸 75cm)，其余测点流速沿横向逐渐减小。4#横断面左岸位于回流区流速较小，流量较大且处于落水期时流速最大值位于坝头所在纵断面(距左岸 75cm)，流量较小时流速最大值出现在距离丁坝较远的 4 号测点(距左岸 100cm)，由于流量较大时丁坝下游收缩断面距离丁坝较近，而流速最大值一般位于收缩断面，因此，流量大小不同时最大值出现区域不一致，该断面与其他明显不同的是落水期 $Q$=62L/s 流速大于涨水期 $Q$=100L/s 流速，这正是落水期水流刷槽切滩能力较大的重要原因。5#～7#横断面距离坝轴线较远，坝头漩涡尺度沿横向较 4#横断面大，故流速最大值均位于 4 号测点，整体变化规律与 4#横断面基本一致。

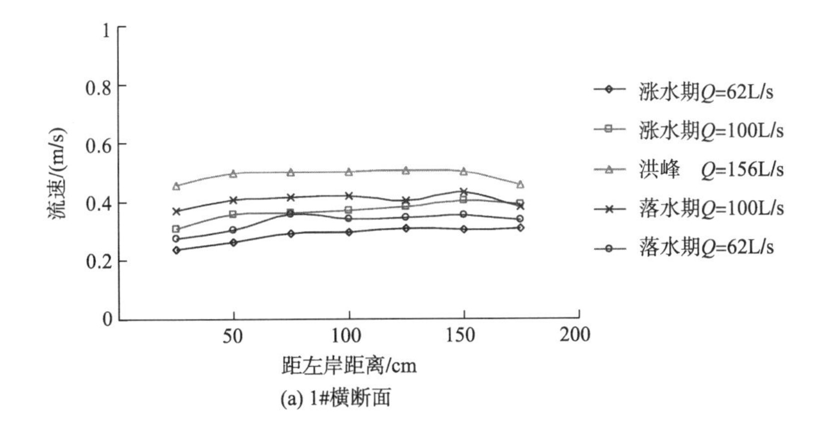

(a) 1#横断面

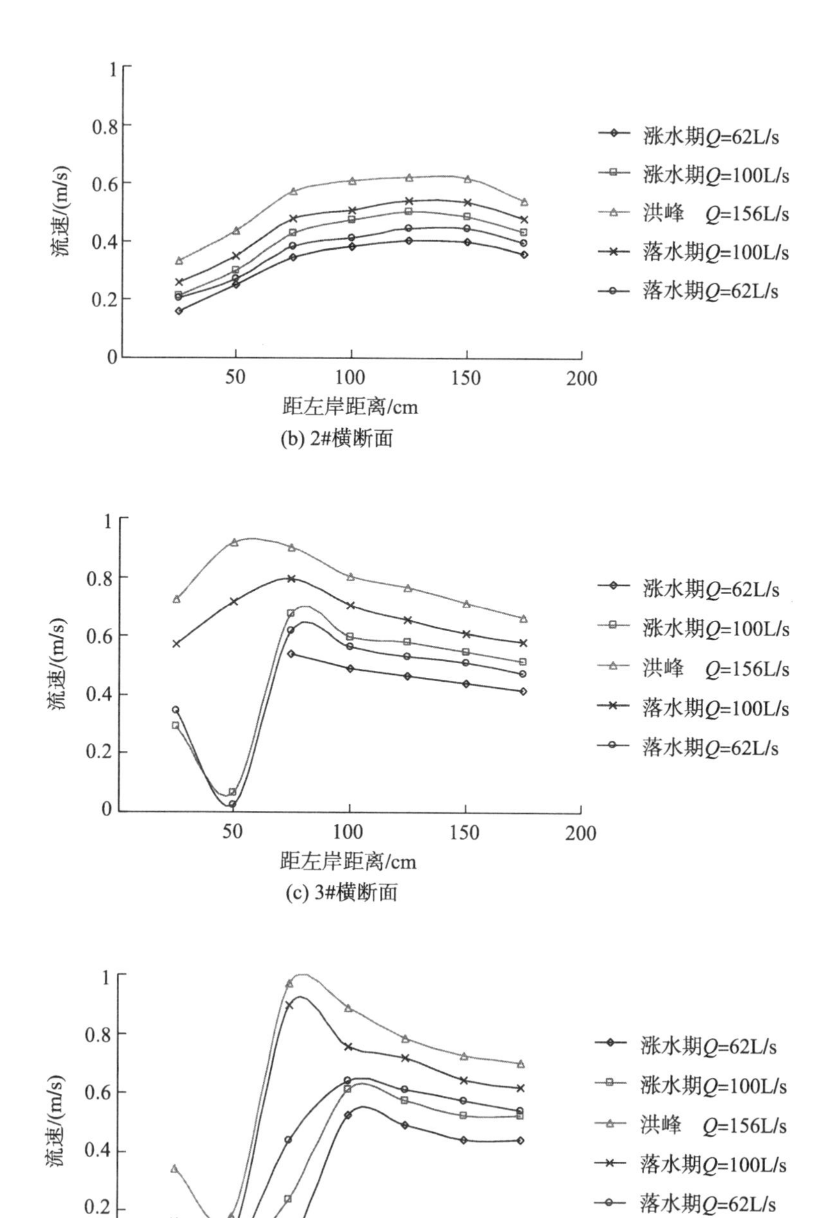


(b) 2#横断面



(c) 3#横断面



(d) 4#横断面

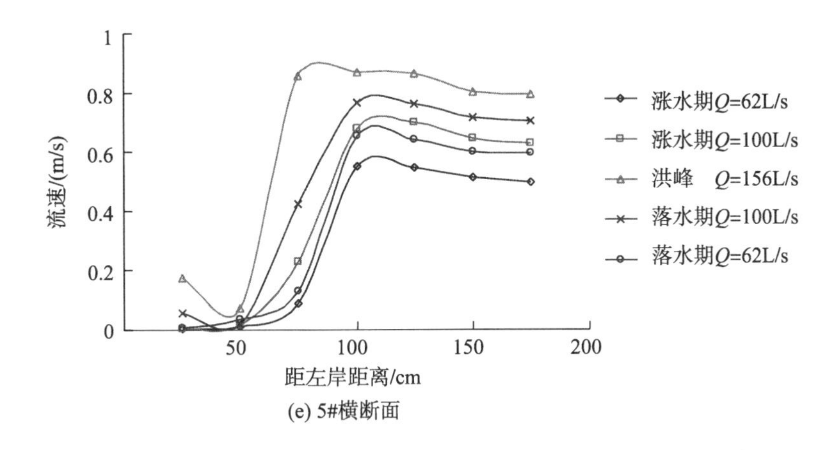

(e) 5#横断面

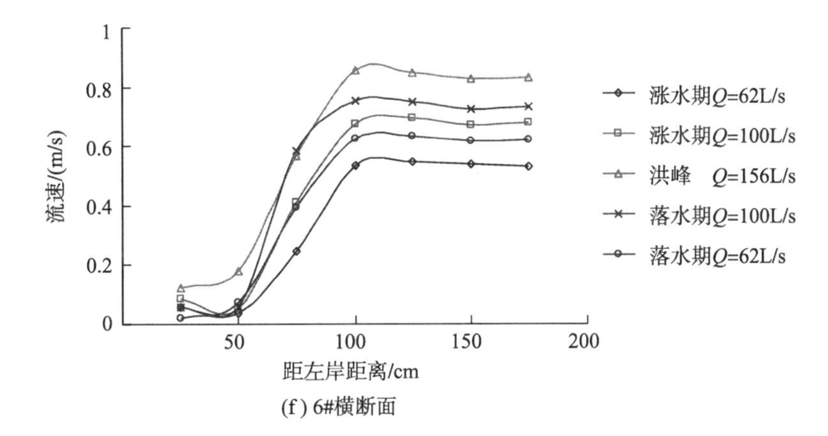

(f) 6#横断面

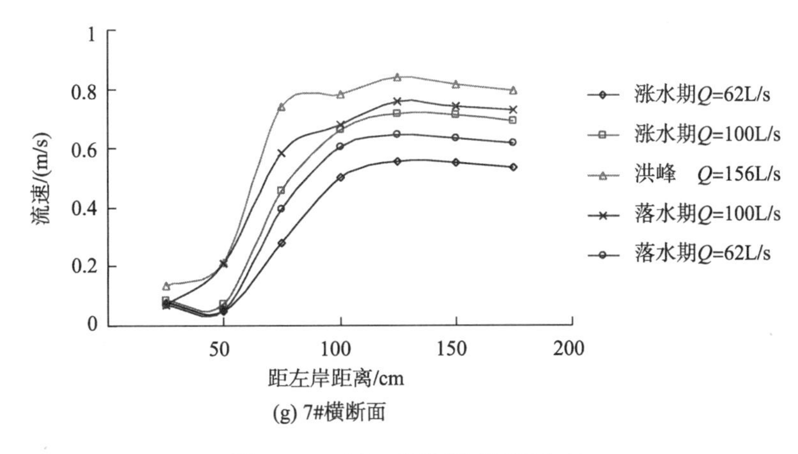

(g) 7#横断面

图 5-13　工况 3 各横断面流速分布

### 5.3.2 整个测区流速分布

丁坝平面布置形式不同，其周围流速分布规律不尽相同，试验中测量了 50cm 正挑圆弧直头（工况 2）、70cm 正挑圆弧直头（工况 6）、50cm 下挑圆弧直头（工况 10）、50cm 正挑圆弧勾头（工况 13）及 50cm 正挑扇形勾头（工况 14）丁坝平面流速分布，图 5-14 为上述工况 10 年一遇流量最大洪峰流量流速等值线图。

坝长较长时，丁坝挡水作用较大，坝头附近流速也较大，由于工况 6 坝长较长，造成坝后回流区较大流速较小；下挑丁坝（工况10）流速总体较正挑丁坝（工况 2）要小，且由于下挑丁坝挡水程度相对较弱，造成坝头及下游漩涡尺度较小，主流区流速分布较均匀；坝型不同时，由于勾头丁坝有效挡水面积较小，致使直头丁坝（工况 2）主流区流速较大，扇形勾头（工况 14）丁坝由于其向河坡坡面较缓，对坝头周围流速起到坦化的作用，故其坝下游流速分布比较均匀。

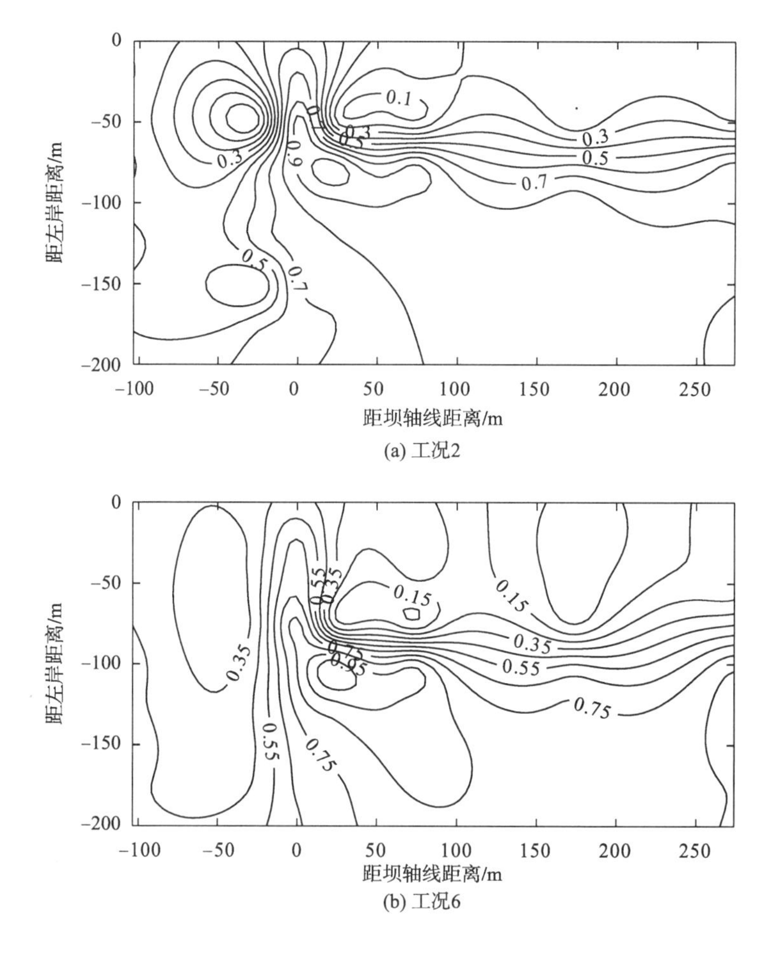


(a) 工况2

(b) 工况6

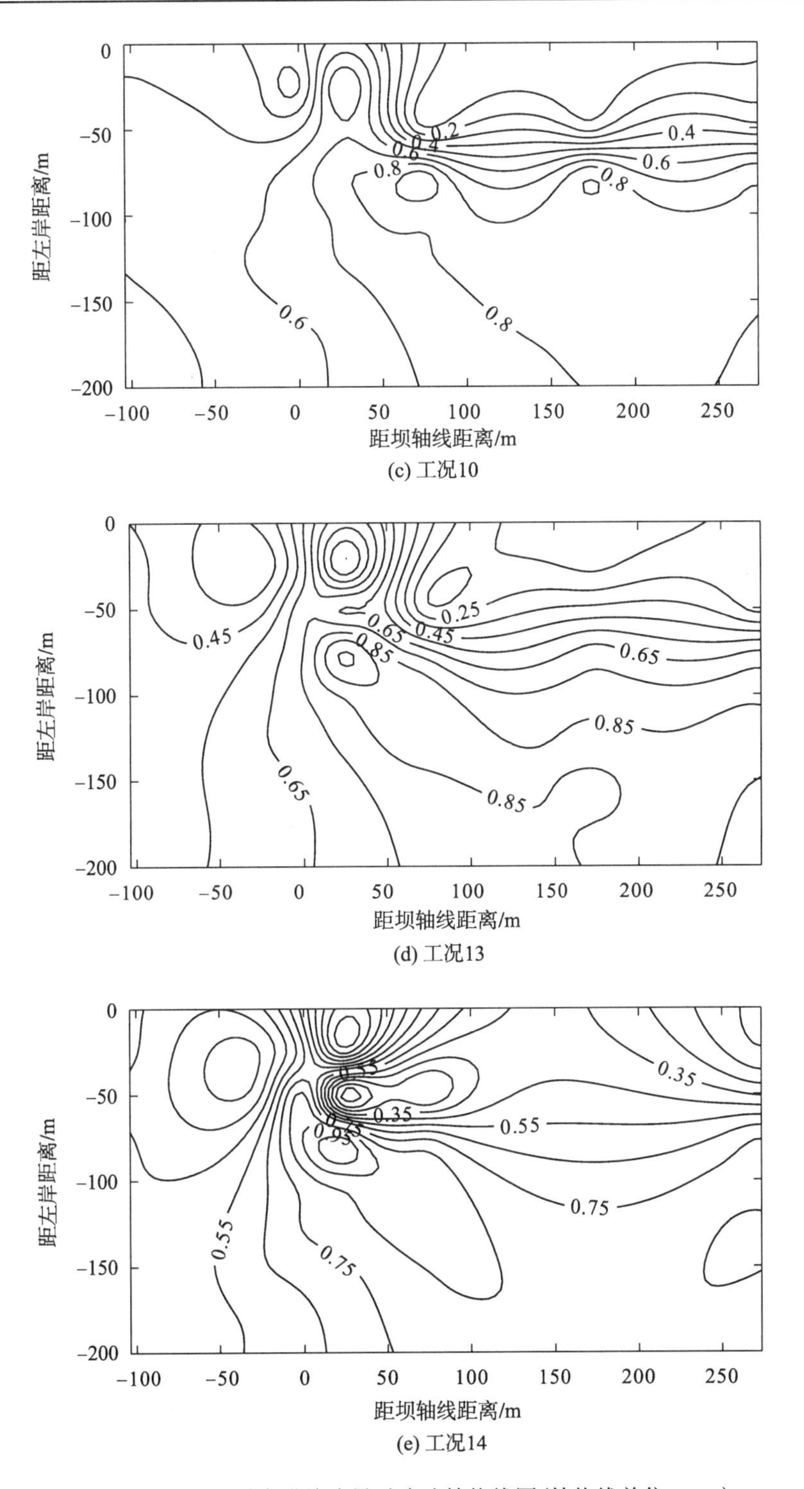


(c) 工况10

(d) 工况13

(e) 工况14

图 5-14　各工况最大洪峰流量时流速等值线图(等值线单位：m/s)

### 5.3.3　坝轴线断面流速计算公式

坝轴线断面作为丁坝过程布置后的直接受影响断面，确定调整后丁坝断面流速分布的变化具有非常重要的意义。通过图 5-13 及 5.3.1 节的分析可知，同一流量下坝轴线横断面流速涨水期要小于落水期，因此，在计算坝轴线所在横断面流速分布时，应将涨水期与落水期区别对待。图 5-15 和图 5-16 分别表示工况 1～4(50cm 正挑圆弧直头丁坝)涨水期和落水期坝头所在位置流速与流量之间的关系，从中可以看出，无论是涨水期还是落水期，坝头所在位置流速随着流量的增大而增大，且与流量均保持较好的点群关系。

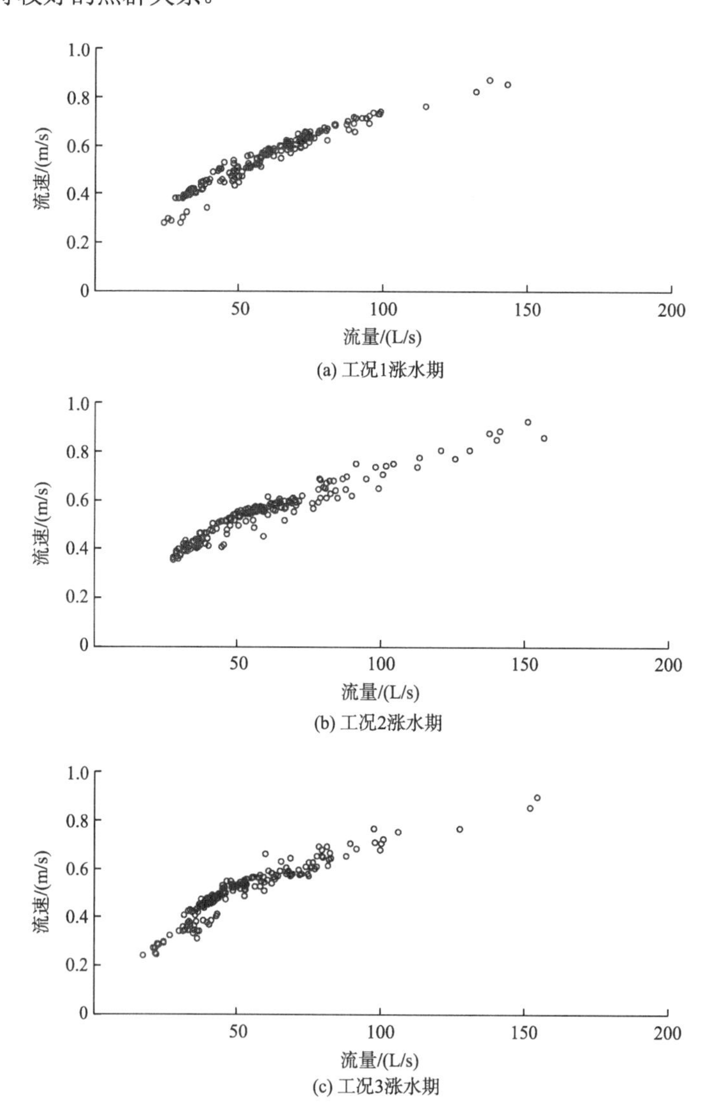

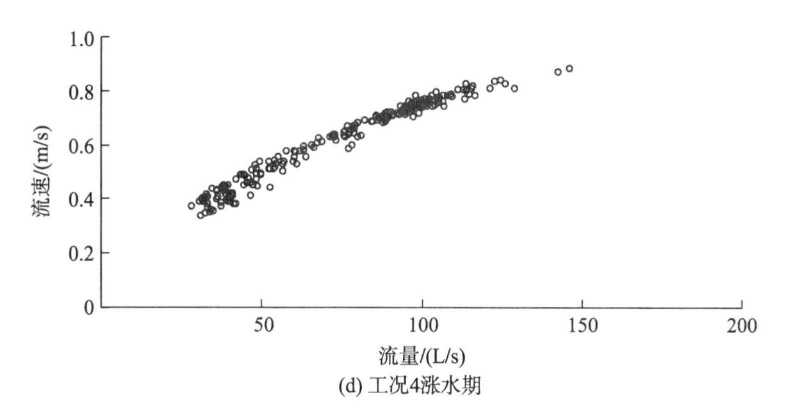


(d) 工况4涨水期

图 5-15　涨水期流速与流量的关系

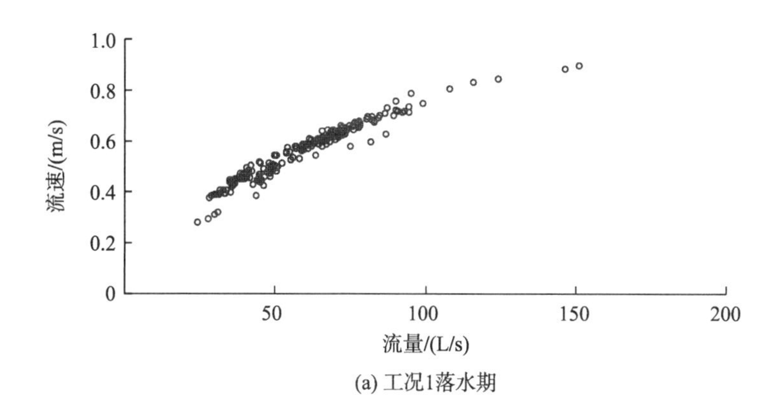


(a) 工况1落水期

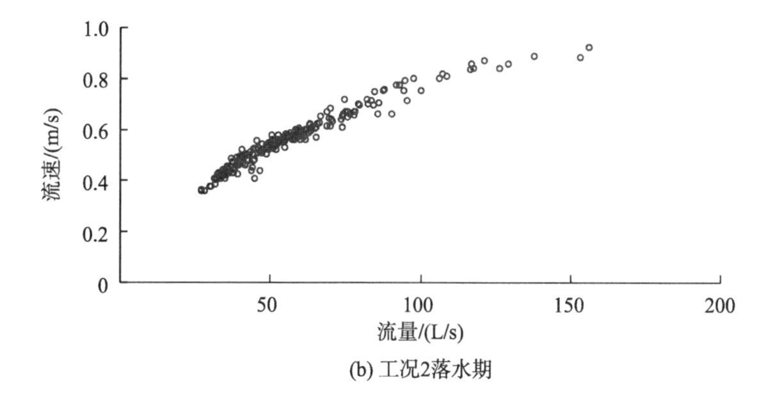


(b) 工况2落水期

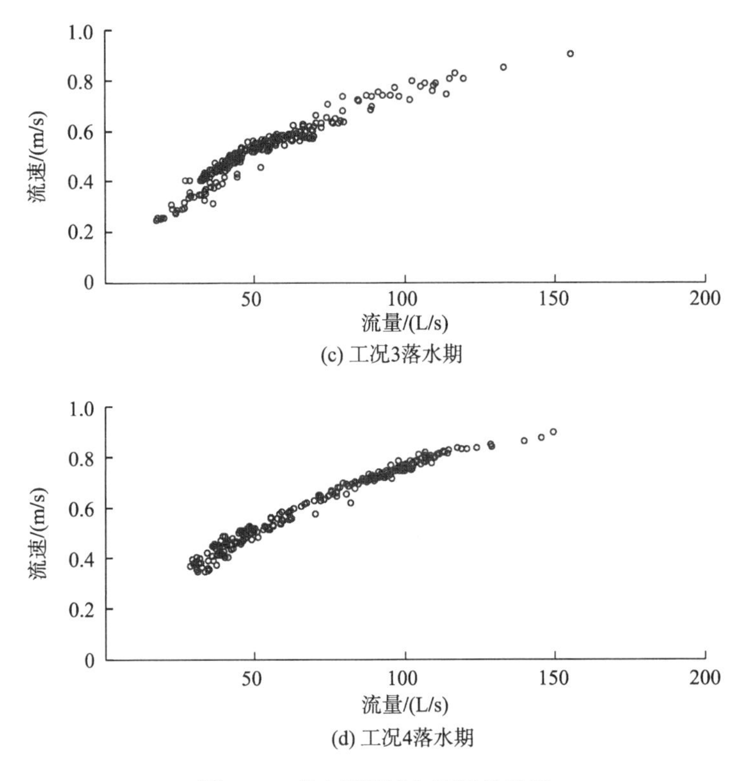


(c) 工况3落水期

(d) 工况4落水期

图 5-16　落水期流速与流量的关系

图5-17给出了不同坝长时坝头流速之间的关系，表明坝长越长坝头流速越大，且两者之间相关性较好。由此可见，坝头所在位置流速与流量及坝长均有较明显的关系。

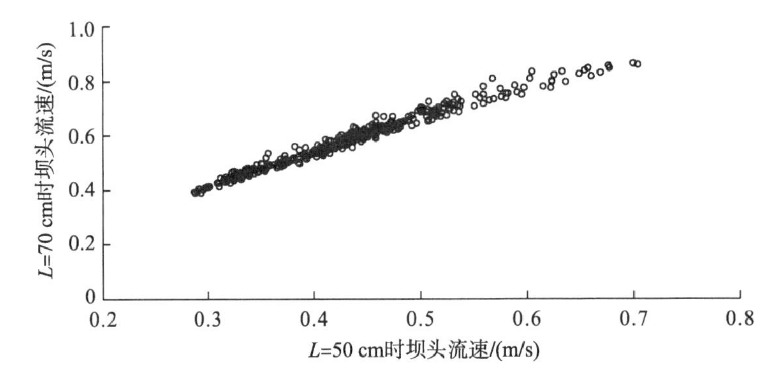


图 5-17　坝长不同时坝头流速之间的关系

将流量及坝长参数无量纲化后，分别建立了涨水期与落水期坝头流速与流量、河宽及坝长之间的关系式：

$$\frac{V_u}{\sqrt{gh}}=0.348\left(\frac{Q}{Q_0}\right)^{0.559}\left(\frac{L}{B}\right)^{0.227}$$
$$\frac{V_d}{\sqrt{gh}}=0.347\left(\frac{Q}{Q_0}\right)^{0.566}\left(\frac{L}{B}\right)^{0.214} \tag{5-2}$$

式中，$V_u$为涨水期坝头流速，$V_d$为落水期坝头流速，单位为 m/s；$h$为丁坝高度，单位为 m；$\frac{Q}{Q_0}$为相对流量，其中$Q_0$为基础流量(取 5000 $m^3/s$)，$Q$为对应流量，单位为 $m^3/s$；$\frac{L}{B}$表示丁坝对水流束窄程度的影响，其中$L$为坝长，$B$为河宽，单位为 m。

将计算值与实测值进行对比，可以发现涨水期和落水期式(5-2)均具有较高的计算精度，见图 5-18。

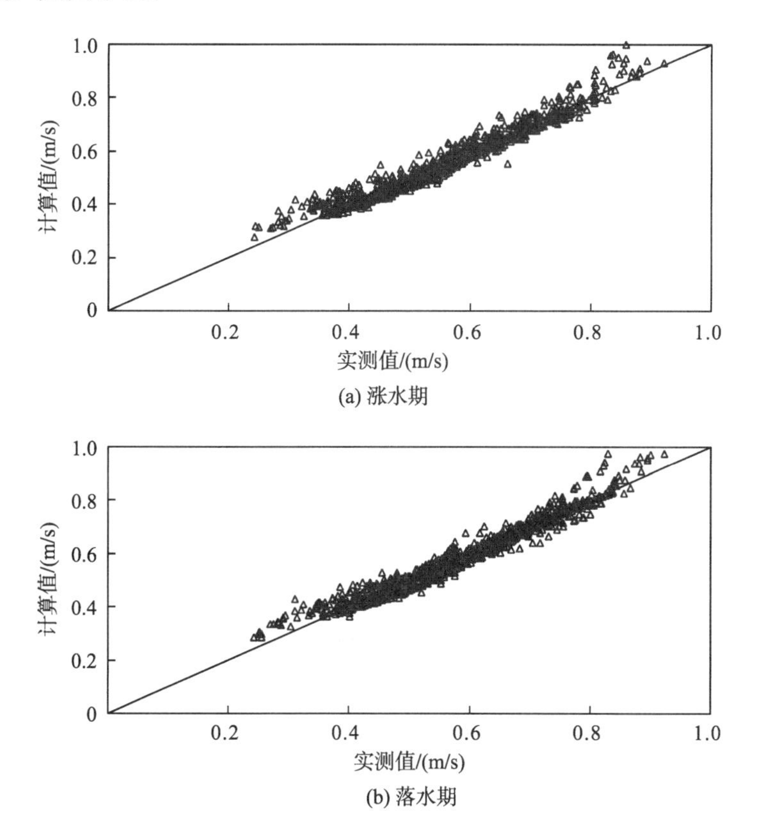


图 5-18　坝头流速计算值与实测值对比

分别计算涨落水期不同流量下的坝头流速，发现两者最大差值在 3%以内，故将涨落水期数据一起回归分析，得到统一的坝头流速计算公式：

$$\frac{V}{\sqrt{gh}} = 0.348\left(\frac{Q}{Q_0}\right)^{0.562}\left(\frac{L}{B}\right)^{0.221} \tag{5-3}$$

从图 5-19 中可以看出，坝轴线断面主流区流速与坝头流速之间近似于线性关系。为了验证这一观点，从工况 1～工况 8 中抽取 3390 组试验数据，计算置信度为 95%时，各测点主流区流速与坝头流速比值的统计参数，见表 5-1，从中可以看出这一参数的分布是比较均匀的。

**表 5-1　主流区与坝头流速比值统计参数**

| 序号 | 平均 | 标准差 | 峰度 | 偏度 |
|---|---|---|---|---|
| 1 | 0.894 | 0.014 | 0.340 | −0.352 |
| 2 | 0.846 | 0.020 | 0.145 | −0.295 |
| 3 | 0.794 | 0.018 | 0.002 | −0.348 |
| 4 | 0.755 | 0.017 | 0.259 | −0.307 |

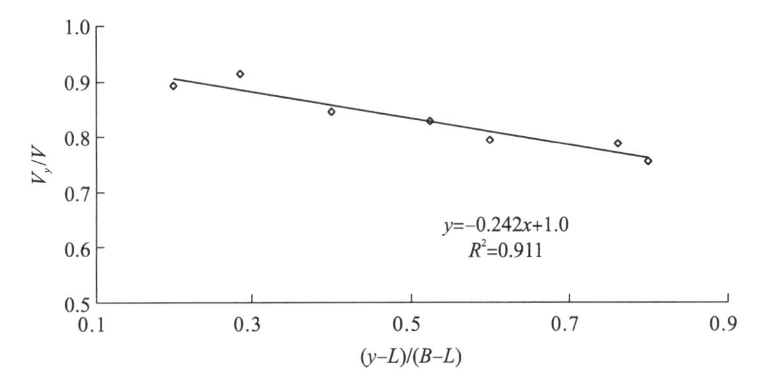


图 5-19　坝轴线断面主流区与坝头流速之间关系

可见，坝轴线主流区流速与坝头流速、在水槽中的位置、坝长及河宽有关，即

$$V_y = f(V, y, B, L) \tag{5-4}$$

式中，$V_y$ 为距离左岸 $y$ 处的流速；$V$ 为坝头处流速；$y$ 为距左岸距离；$B$ 为河宽；$L$ 为坝长。

将式(5-4)无量纲化，得到

$$\frac{V_y}{V} = f\left(\frac{y-L}{B-L}\right) \tag{5-5}$$

式中，($y-L$)表示距坝头的距离；($B-L$)表示水流的束窄程度。

点绘式(5-5)变量关系如图 5-19 所示，可见两者之间具有良好的线性关系。因此，坝轴线主流区流速可通过式(5-6)得到。

$$\frac{V-V_y}{V}=0.241\left(\frac{y-L}{B-L}\right) \tag{5-6}$$

需要说明的是，式(5-1)～式(5-6)得到的流速为距离床面 5cm(原型 2m)处的流速，实际应用时，可根据实时水深利用指数或对数流速分布公式等将其换算到表面流速或平均流速。

## 5.4　三维流速及紊动强度变化分析

丁坝及其周围河床遭受水流冲刷除了与纵向平均流速有关外，还与横向、垂向流速及流速紊动有密切关系，因此，本节研究丁坝周围三维流速及紊动强度变化规律。

### 5.4.1　丁坝周围三维流速变化分析

为了对比丁坝周围各测点三维流速，以工况 3 为例给出了背水坡 Z2、迎水坡 Z3、坝头 Z5、坝头下游 Z7 及坝轴线断面主流区 Z8 测点三维流速变化过程，见图 5-20。

纵向流速方面，位于坝头下游的 Z7 测点明显较大，其次为主流区 Z8 测点和坝头 Z5 测点，这是由于坝轴线断面水流受到压缩及底部水流绕过坝头水面突然放宽，导致 Z8 测点和 Z5 测点流速较大，而坝头下游的 Z7 测点位于收缩断面所在区域，水流受挤压程度最大，所以 Z7 测点流速更大；位于背水坡坡脚处的 Z2 测点在流量较大时，丁坝上下游水位落差较大，使得水流翻坝后坡脚处流速较大，所以洪水时背水坡坡脚容易受到淘刷使背水坡遭到破坏；位于迎水坡的 Z3 测点整个过程流速均较小。

横向流速方面，由于底部水流遇到丁坝后受阻，沿着坝身绕过坝头并行近至下游，使得位于迎水坡的 Z3 测点流速较大；位于坝头的 Z5 测点受到绕过坝头和丁坝压缩水流在坝轴线断面主流区的随机摇摆运动的影响，使坝头测点横向流速变化也具有随机性，但流量大时其变化也较大，从图中可以看到 Z5 测点横向流速达到 25cm/s 左右(原型约 1.5m/s)，这也是坝头容易出现水毁现象的重要原因；其余测点横向流速较小且变幅不大。

垂向流速方面，位于坝头的 Z5 测点受其周围复杂流态及坝头下潜水流的影响，造成整个过程其流速变化较大，所以坝头块石容易出现松动滑落现象；背水坡 Z2 测点流量较大时受翻坝下潜水流影响，其垂向流速也比较大；坝头下游 Z7 测点整个过程垂向流速基本为正值(指向水面)，这说明位于该区域的泥沙颗粒更容易发生运动，加之该处纵向流速较大，故其冲刷较严重；其余测点流速较小且变幅不大。

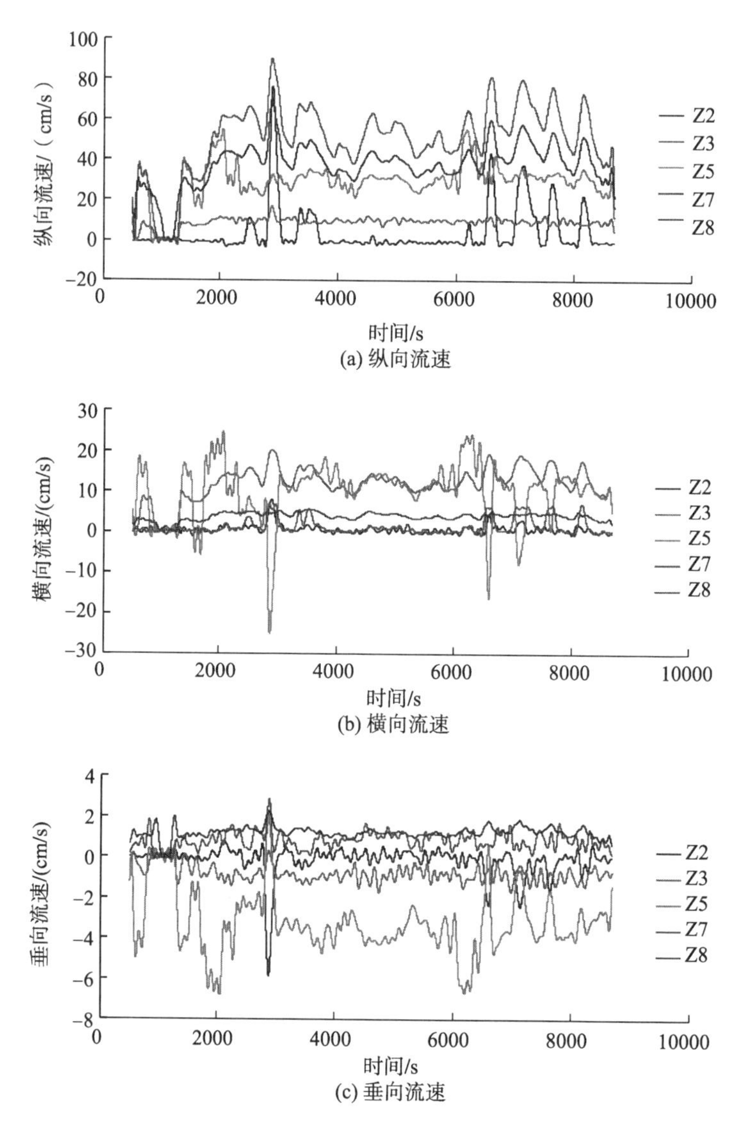


(a) 纵向流速

(b) 横向流速

(c) 垂向流速

图 5-20 工况 3 各测点三维流速变化过程(后附彩图)

## 5.4.2 丁坝布置前后坝头处三维流速对比分析

为弄清丁坝布置后对其原有位置流速的影响大小，在 Z4 测点位置分别测量了有、无丁坝存在时三维流速变化过程，三维流速变化对比情况见图 5-21 和图 5-22。有丁坝时纵向流速较小、横向流速较大，但纵向流速两者差别不大而横向流速差别很大，无丁坝时横向流速相对有丁坝时可以忽略不计，故丁坝的存在使坝头处流速增大较明显；流量越大有无丁坝纵向流速差别越小，涨水期两者变化趋势基本一致，落水期有丁坝时流速减小较快，图上表现为下降过程线斜率较大，且有丁坝时纵向流速对流量过程变化的响应较无丁坝时要弱，图上表现为流速过程线对流量局部震荡的坦化。由图 5-22 可以看出，无丁坝时垂向流速较小且流速大小值分布也比较均匀，方向均指向水面，有丁坝时垂向流速较大，两个指向发生的概率基本均等，这说明丁坝布置后坝头处纵横向流速较大，且流速沿垂向变化也较大，故而造成坝头块石容易水毁。

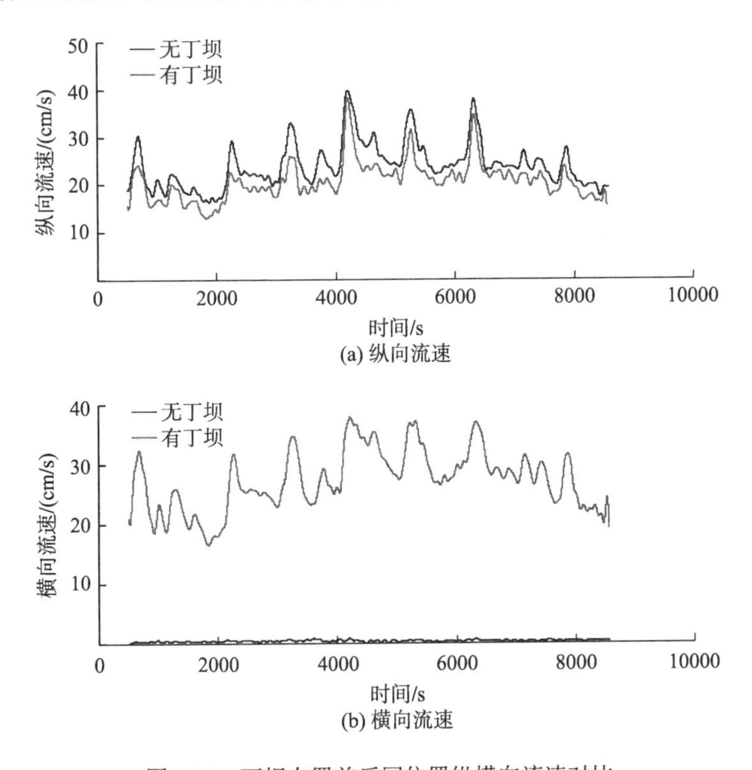


图 5-21　丁坝布置前后同位置纵横向流速对比

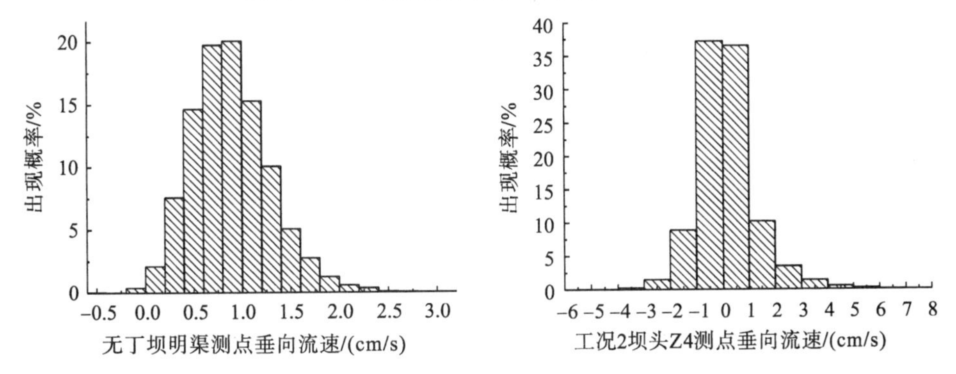


图 5-22　有无丁坝坝头处垂向流速概率分布直方图

图 5-23 给出了涨落水过程垂向流速频率分布情况，可以看出落水期垂向流速分布区间大于涨水期，即垂向流速极大值出现在落水期，且落水期大值出现频率较大，说明落水期坝体稳定性较差。

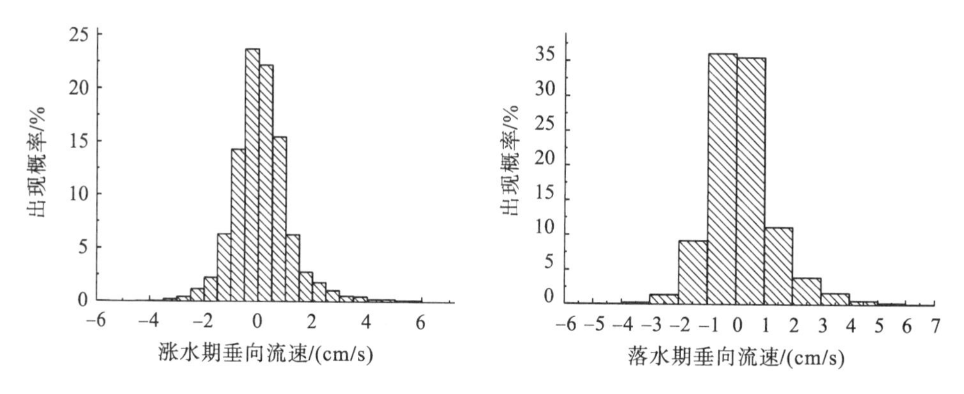


图 5-23　工况 2 涨落水时坝头垂向流速概率分布直方图

## 5.4.3　丁坝周围紊动强度分析

水流紊动强弱对丁坝周围冲刷具有重要影响，喻涛(2009)的研究结果表明，紊动强度大的区域与冲刷严重的区域基本重合，因此，有必要研究非恒定流条件下丁坝周围紊动强度变化规律。

脉动流速的均方根即为紊动强度：

$$u' = u_i - \bar{u} \tag{5-7}$$

$$\eta = \frac{\sqrt{\sum_{i=1}^{N}\left(u_i - \bar{u}\right)^2}}{N} \tag{5-8}$$

式中，$u_i$ 为脉动流速，单位为 m/s；$\eta$ 为紊动强度，单位为 m/s；$u_i$ 为瞬时流速，单位为 m/s；$\bar{u}$ 为相应时段内的平均流速，m/s；$N$ 为采样点样本数。

为了对比丁坝周围各测点三维紊动强度，以工况 2 为例给出了背水坡 Z1、迎水坡 Z9、坝头 Z5、坝头下游 Z7 及坝轴线断面主流区 Z8 测点三维紊动强度变化过程，见图 5-24。

纵向紊动强度最大的区域位于坝头下游 Z7 测点，此区域位于坝头漩涡的中心，动床试验结果也表明该区域冲刷较严重，与冲刷坑的最深点基本重合；背水坡 Z1 及坝头 Z5 测点纵向紊动强度也较大，这是由于水流翻坝时，下潜水流冲击下游水面造成坝头水位波动频繁，坝头受到绕过丁坝水流的作用流速变化也比较大；主流区 Z8 和迎水坡 Z9 测点紊动较弱。横向紊动强度最大值出现在坝头 Z5 测点，由 5.4.1 节可知此处横向流速变化较大，故其横向紊动强度较大；流量较大时，由于翻坝水流影响，背水坡 Z1 测点横向紊动强度也较大；其次为坝头下游 Z7 测点，横向紊动强度也达到 6.5cm/s，其余测点横向紊动较弱。垂向紊动强度最大区域位于背水坡 Z1 测点，由于该区域受翻坝下潜水流作用，造成其垂向流速变化较大；受坝头竖轴漩涡及卡门涡街作用，坝头 Z5 测点和坝头下游 Z7 测点垂向紊动强度也较大；主流区 Z8 及迎水坡 Z9 测点垂向紊动强度较小。

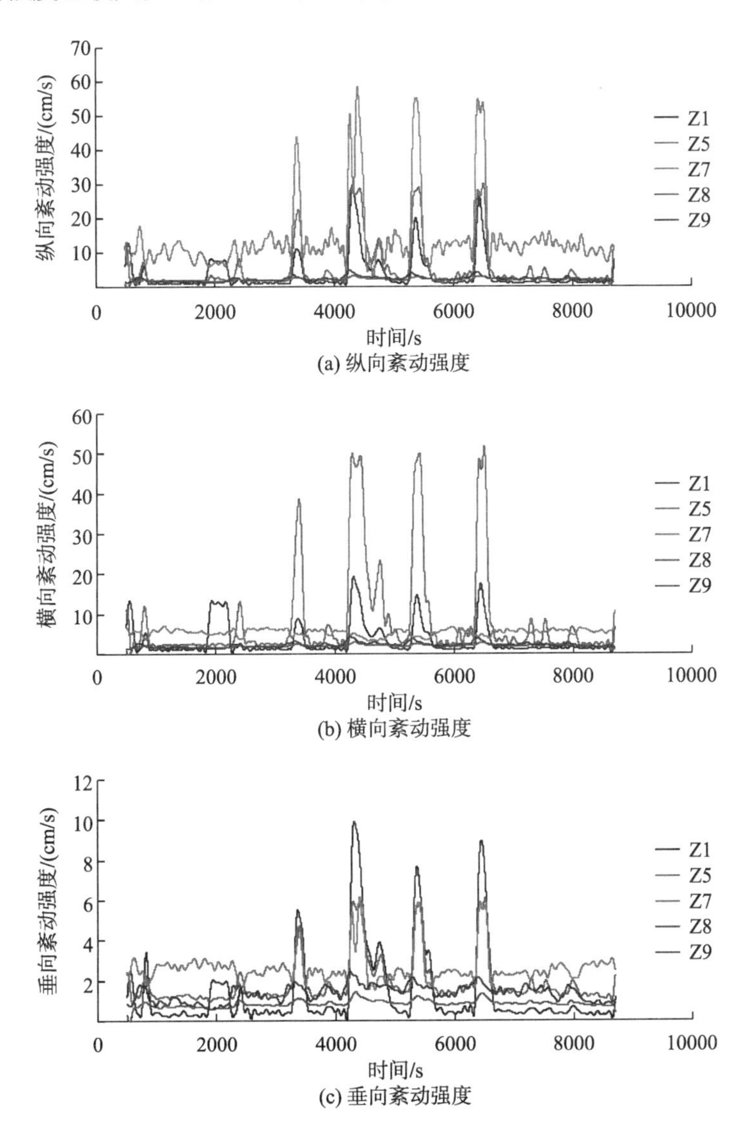


图 5-24　工况 2 各测点三维紊动强度变化过程(后附彩图)

由此，可以说明丁坝及其周围床面冲刷不是由某一方面的原因造成的，是受纵向、横向及垂向流速、紊动强度及漩涡尺度综合作用的结果，即某一区域的流速大或紊动强并不能说明该区域一定遭受强冲刷，反之亦然。

## 5.5 小 结

(1)各测点水位过程与流量过程存在一个相位差，水位达到最大值的时间滞后于流量；纵断面同样的流量下涨水期水位小于落水期水位；与恒定流相比，非流定流则在涨水过程中附加水面坡度为正，流量比恒定流时大；落水过程中，附加水面坡度为负，流量比恒定流时小，从而形成了逆时针方向的绳套曲线；6#横断面受洪水涨落过程影响，流量较小($Q$=73L/s)，涨水时水位最大值出现在 4 号测点、落水时水位最大值出现在 3 号测点。

(2)无论是涨水期还是落水期，丁坝上下游跌水高度随着流量的增大而增大，且与流量均保持较好的线性关系(最小相关系数为 0.919)，坝长越长跌水高度越大，呈指数增长变化趋势；建立了涨水期与落水期丁坝上下游跌水高度与流量及坝长之间的关系式，验算结果表明计算值与实测值吻合较好，只是跌水高度较大时计算值较实测值稍大，工程实际应用偏安全。

(3)非恒定流条件下涨水期与落水期横断面流速分布是不同的，表现出同一横断面各测点流速落水期要大于涨水期，且涨落水期流速差值最大位置出现在坝轴线下游横 4#断面；由于流量较大时丁坝下游收缩断面距离丁坝较近，4#横断面流量较大且处于落水期时流速最大值位于坝头所在纵断面(距左岸 75cm)，流量较小时流速最大值出现在距离丁坝较远的 4 号测点(距左岸 100cm)；横 4#断面落水期 $Q$=62L/s 流速大于涨水期 $Q$=100L/s 流速，由此说明了落水期水流刷槽切滩能力较大的重要原因。

(4)无论是涨水期还是落水期，坝头所在位置流速随着流量和坝长的增大而增大，且与流量和坝长均保持较好的点群关系；将流量及坝长参数无量纲化后，分别建立了涨水期与落水期坝头流速与流量、河宽及坝长之间的关系式，在此基础上得到统一的坝头流速计算公式；通过分析发现坝轴线主流区流速与坝头流速、在水槽中的位置、坝长及河宽有关，并建立了坝轴线主流区流速分布公式。

(5)纵向流速方面，位于坝头下游的 Z7 测点明显较大，其次为主流区 Z8 测点和坝头 Z5 测点，位于背水坡坡脚处的 Z2 测点在流量较大时受翻坝水流作用其流速较大；横向流速方面，位于迎水坡的 Z3 测点流速较大，位于坝头的 Z5 测点受坝轴线断面主流区水流随机摇摆运动的影响，横向流速达到约 25cm/s(原型约 1.5m/s)；垂向流速方面，位于坝头的 Z5 测点流速变化较大，背水坡 Z2 测点流量较大时垂向流速比较大，坝头下游 Z7 测点整个过程垂向流速基本为正值(指向水面)；落水期垂向流速分布区间大于涨水期，即垂向流速极大值出现在落水期，且落水期大值出现频率较大；通过分析三维流速分布规律，指出了坝头及背水坡水毁的原因。

(6) 有丁坝时纵向流速较小、横向流速较大，但纵向流速在有无丁坝时差别不大而横向流速差别很大；流量越大有无丁坝纵向流速差别越小，落水期有丁坝时流速减小较快，有丁坝时纵向流速对流量过程变化的响应较无丁坝时要弱；无丁坝时垂向流速较小且流速大小值分布也比较均匀，方向均指向水面，有丁坝时垂向流速较大，两个指向发生的概率基本均等，即丁坝布置后坝头处纵横向流速较大，且流速沿垂向变化也较大。

(7) 纵向紊动强度最大的区域位于坝头下游 Z7 测点，背水坡 Z1 及坝头 Z5 测点也较大，主流区 Z8 和迎水坡 Z9 测点则较弱；横向紊动强度最大值出现在坝头 Z5 测点，流量较大时背水坡 Z1 测点横向紊动强度也较大；垂向紊动强度最大区域位于背水坡 Z1 测点，受坝头竖轴漩涡及卡门涡街作用，坝头 Z5 测点和坝头下游 Z7 测点垂向紊动强度也较大。

(8) 丁坝及其周围床面冲刷不是由某一方面的原因造成的，是受纵向、横向及垂向流速、紊动强度及漩涡尺度综合作用的结果，即某一区域的流速大或紊动强并不能说明该区域一定遭受强冲刷，反之亦然。

# 第6章　非恒定流条件下丁坝稳定性及受力特性研究

## 6.1　丁坝坝面块体稳定性分析

由于水流或坝体本身的原因，护面块体在水流作用下局部流速加大，比降增加，容易造成局部失稳并产生连锁反应，使得坝体产生大规模水毁。因此研究丁坝坝面块石的起动与止动是十分必要的。

### 6.1.1　块体受力情况分析

天然河道中的坝体块石除了受有效重力$W'$、拖曳力$F_D$、动水冲击力、上举力$F_L$外，还受渗透力$F_S$的作用，在这些力的共同作用下，块石表现为失稳起动、运移、沉积。

1. 拖曳力和上举力

拖曳力和上举力为液相水流对固相颗粒的作用力。水流和块石表面接触时将产生摩擦力$P_1$，当坝体表面上的水流雷诺数稍大时，颗粒顶部流线将发生分离，从而在块体前后产生压力差，形成形状阻力$P_2$，$P_1$和$P_2$的合力为拖曳力$F_D$。

在水流流动时，床面颗粒顶部与底部的流速不同，前者为水流的运动速度，后者则为颗粒间渗水的流动速度，比水流的速度要小得多。根据伯努利方程，顶部的流速高，压力小，底部流速低，压力大。这样所造成的压力差产生了一个方向向上的上举力$F_L$。

拖曳力和上举力的一般表达形式为

$$F_D = C_D a_1 d^2 \frac{\rho u_0^2}{2} \tag{6-1}$$

$$F_L = C_L a_2 d^2 \frac{\rho u_0^2}{2} \tag{6-2}$$

式中，$\rho$为水的密度，$1000\,\mathrm{kg/m^3}$；$u_0$为水流底速，m/s；$d$为块体粒径，mm；$C_D$为阻力系数；$C_L$为上举力系数；$a_1$，$a_2$为面积系数，对于球体，$a_1$和$a_2$均为$\frac{\pi}{4}$。

通过综合分析在某些特定区域内水流作用力垂向变化情况的研究成果，当块体抛掷入水后，其拖曳力系数 $C_D$ 和上举力系数 $C_L$ 随相对位置的变化关系大致可表述为：从接触水面开始至 0.66$H$ 处，$C_D$、$C_L$（绝对值）都不断增大；但是在块体进一步下沉至 0.5$H$ 过程中，$C_D$、$C_L$（绝对值）又开始不断减小；然后块体继续下沉，但作用力系数垂向变化不大，与相对位置的关系在图中近似表现为直线；当块体下沉到床面附近时，随着块体靠近床面，床面影响逐渐显著，垂线流速梯度变大，上举力系数则迅速增大，而拖曳力系数迅速减小。因此，通过受力分析来计算石块抛掷位移时，应考虑水流流动作用力垂向不断变化的特点。

2. 动水冲击力

动水冲击力与水流拖曳力不同，水流拖曳力是由于水流对块体的摩擦和块体背后产生负压而产生的力，动水冲击力是运动中水流正向撞击泥沙颗粒而形成的动量交换；且二者的矢量方向有区别，水流拖曳力方向与水流相同，动水冲击力的方向与石块的几何形状关系密切，与水流撞击石块表面的法线方向平行，见图 6-1。这是主要针对较大石块而言的，因为大的石块暴露出来的部位较大，水流速度值由近底向上呈对数增长，暴露的部位越大，受水流的冲击力也就越大，见图 6-2。坝体护石一般颗粒比较大，石块相互间隙较大，水流在流过石块与石块间都会产生漩涡，紊动的水流产生脉动压力，当脉动压力的峰值与动水冲击压力成同方向时就加大了水流对石块暴露部位的冲击力度。各石块的暴露度不同，对水流的阻力不同，暴露较大的石块对水流的阻力越大，受水流的冲击力也就越大。

动水冲击力的表达式与水流拖曳力和上举力的形式相同：

$$F'_D = \frac{a_3 C'_D d^2 \rho u_0^2}{2} \tag{6-3}$$

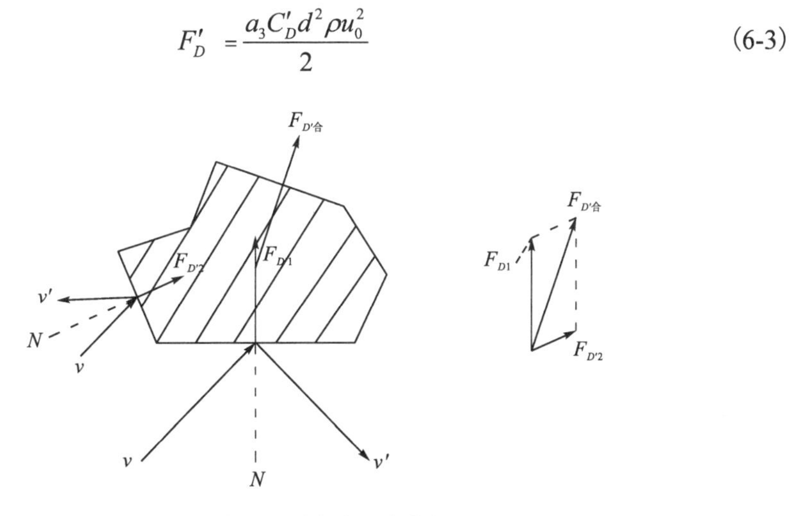


图 6-1　块石所受水流冲击力矢量图

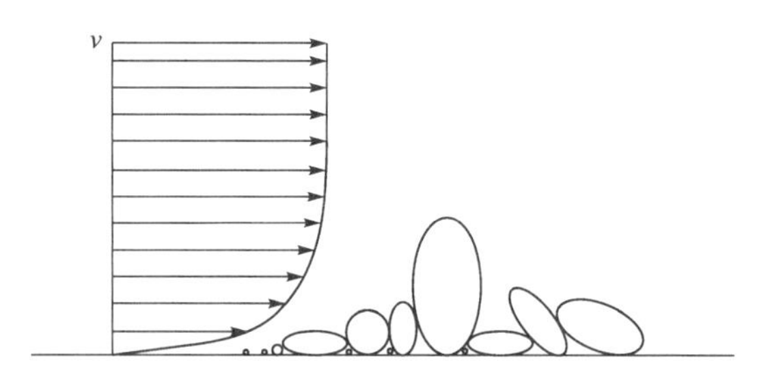


图 6-2 块石暴露位置与水流流速大小对应图

图 6-1 与图 6-2 中，$v$ 为水流冲击石块流速；$v'$ 为反射水流流速；$N$ 为法线；$F_{D'i}$ 为石块在面上所受的水流冲击力；$F_{D'_{合}i}$ 为石块在 $i$ 面所受水流冲击力的合力。

3. 块体的水下重力

$$W=(\rho_s-\rho)V \tag{6-4}$$

式中，$\rho_s$ 为块体密度；$\rho$ 为水的密度；$V$ 为块体的体积。

### 6.1.2 坡面块石受力分析

丁坝坝体几何形态一般都是以梯形截面为主。当洪水漫过丁坝坝顶时，丁坝背水坡面护石就成了丁坝坝体结构的一个软肋。护面块石往往在过坝水流与坝后水面相交处被掀起，发生水毁，该处水流流态比较紊乱，脉动压力比较大，见图 6-3。

图 6-3 试验中背水坡水毁照片

丁坝坝体坡面一般比降较陡，所以要考虑块石自重沿水流方向的分力。假设有一倾角为 $\alpha$ 的斜坡面，水流沿着与斜面水平的方向流动，块石在坡面上的受力如图 6-4 所示。

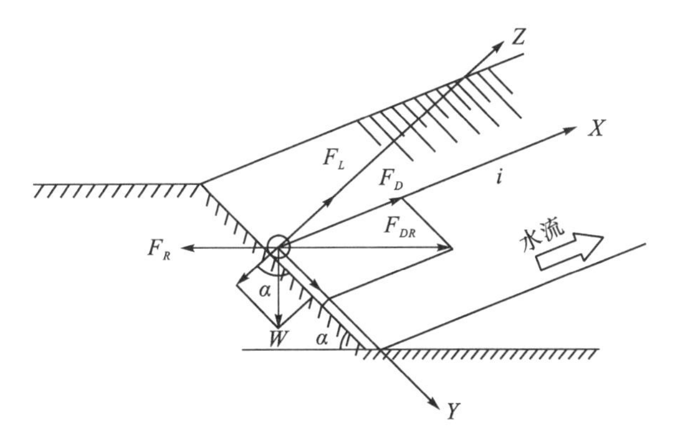


图 6-4 坡面上块石受力示意图

作用在块石上的阻力 $F_R$：

$$F_R = (W\cos\alpha - F_L)\tan\varphi \tag{6-5}$$

推移力 $F_{DR}$：

$$F_{DR} = (W^2 \sin^2\alpha + F_D^2)^{1/2} \tag{6-6}$$

式中，$W$ 为块石在水中的重量，单位为 N；$\alpha$ 为护坡边坡角度，单位为 N；$F_L$ 为上举力，单位为 N；$\varphi$ 为堆石的休止角，单位为(° )；$F_D$ 为水流作用在块石上的拖曳力。

如果考虑水流与斜坡水平轴所成的角度 $\theta$，则拖曳力 $F_D$ 与重力在斜面上的分力 $W'\sin\alpha$ 的合力为

$$F = \sqrt{(F_D \sin\theta + W'\sin\alpha)^2 + F_D^2 \cos^2\alpha} \tag{6-7}$$

斜坡上块石的起动条件为

$$F = (W'\cos\alpha - F_L)\tan\varphi \tag{6-8}$$

### 6.1.3 水流脉动对块体稳定的分析

以上的研究成果虽然基本上反映了决定起动拖曳力的主要因素，但没有考虑水流脉动的影响。切皮尔在研究风力吹扬作用下的起动问题时曾经推导出如下公式：

$$\overline{\tau}_c = \frac{0.66\eta\tan\varphi(\gamma_s - \gamma)D}{(1 + 0.85\tan\varphi)T} \tag{6-9}$$

式中，$\eta$ 为反映泥沙颗粒突出在周围颗粒之上的程度系数，所有颗粒顶部均保持在同一个平面上时 $\eta = 1$；$\varphi$ 为泥沙的休止角；$T$ 为作用在床面颗粒上的拖曳力和上举力的最大值与平均值的比值，反映了气流的脉动强度；$\gamma_s$ 为泥沙客重；$\gamma$ 为

水的容量。式(6-9)的$T$可以根据式(6-10)确定：

$$T=\frac{3\sigma_p+\overline{p}}{\overline{p}} \tag{6-10}$$

式中，$\overline{p}$为作用在床面的平均压力；$\sigma_p$为压力脉动的均方根。

实测资料表明，$T$在2.1～3.0范围变化，平均值为2.5，如取$\eta$=0.5～0.75，$\varphi$=24°，$T$=2.5，则式(6-9)转化为

$$\overline{\tau}_c=(0.04-0.06)(\gamma_s-\gamma)D \tag{6-11}$$

这与希尔兹的粗颗粒泥沙起动拖曳力公式基本上是一致的。

## 6.2 丁坝坝体受力沿时间分布

图6-5给出了工况11背水坡2#测点、坝顶4#测点、迎水坡6#测点、向河坡16#测点及22#测点动水压力随时间变化的过程线及其与流量的对应关系，其中4#

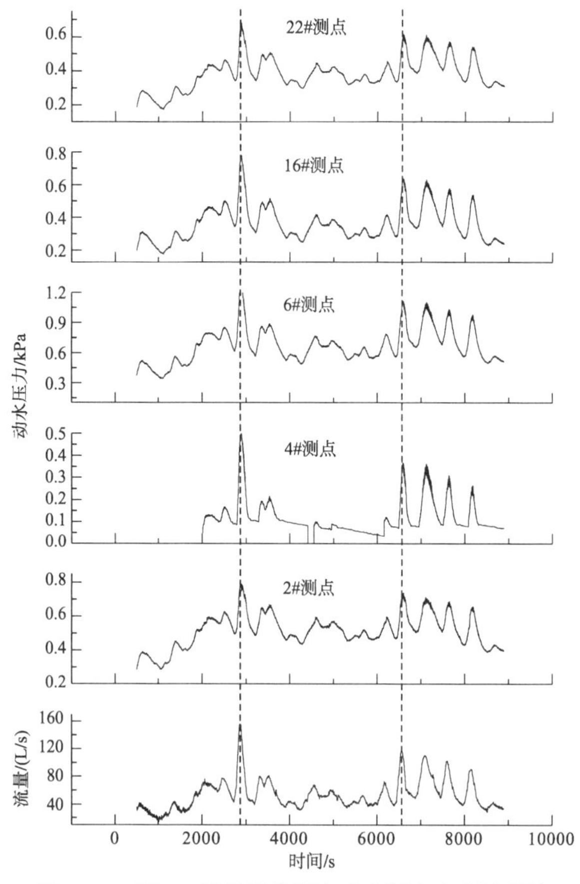


图6-5 工况11流量及各测点动水压力变化过程线

测点由于其位于坝顶，整个流量过程中有一部分时间水位在坝顶高程以下，所以图上 4#测点动水压力过程线有部分缺失。

由图 6-5 可看出，丁坝各部位动水压力变化过程与流量变化过程保持了较好的同步性，即动水压力随着流量的增加而增加，随着流量的减小而减小，且动水压力极值与流量极值出现的时刻基本一致，说明试验测得的压力数据是可靠的。

图 6-6 给出了工况 2、工况 3 和工况 4 各测点动水压力和脉动压力最大值与流量过程的对应关系，从时间序列上看，无论流量过程如何，动水压力最大值均出现在最大洪峰流量出现时间附近，而脉动压力在时间上的分布规律则不是很明显，但脉动压力最大值多数出现在洪峰流量过后的落水期，说明丁坝水毁主要发生在流量较大及洪峰流量较大的落水期，这与实际情况是一致的。

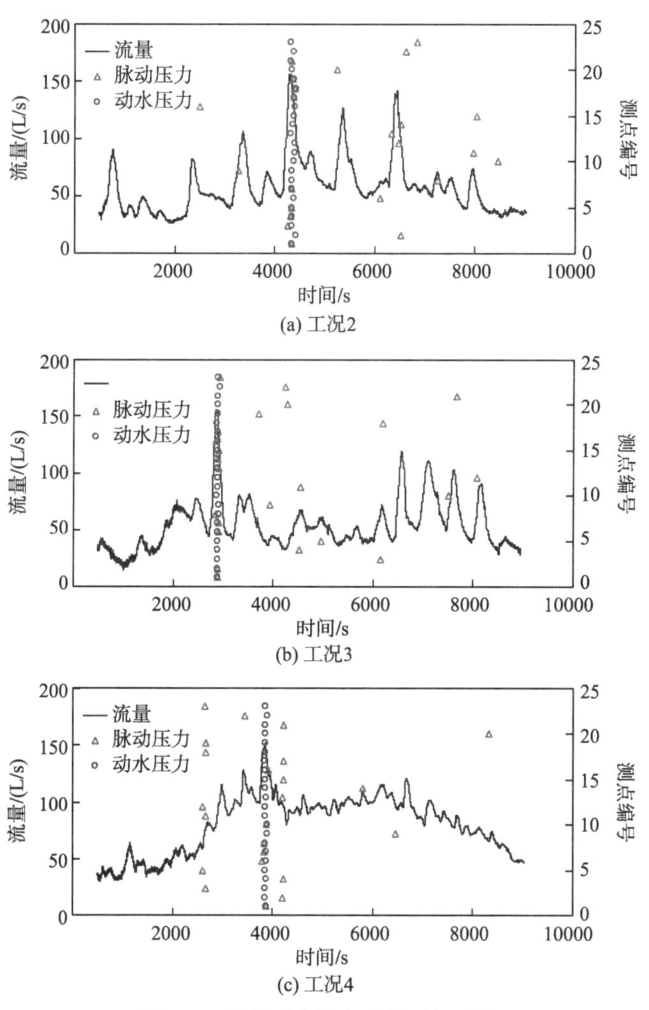


图 6-6　坝体受力最大值沿时间分布

# 6.3　丁坝坝体受力在整个测区的分布

## 6.3.1　水流作用于坝体动水压力分布

为了分析坝体在水流作用下其所受动水压力变化规律及其与恒定流下坝体所受脉动压力分布规律的区别，以工况 2 为例，给出了恒定流流量 $Q$=68L/s、工况 2 非恒定流涨水期和落水期流量分别为 $Q$=68L/s 和 $Q$=107L/s 及最大洪峰流量 $Q$=156L/s 时，坝体所受脉动压力等值线图，如图 6-7 所示，水流流向为由左至右，$X$、$Y$ 坐标分别表示距离坝轴线和左岸距离，单位为 cm，下同。流量为 $Q$=68L/s 恒定流与非恒定流条件下坝上水深均约为 2cm，恒定流时由于坝顶没有布置压力测点，故坝顶区域没有等值线数据显示。

从图 6-7 可以看出，非恒定流条件下不同时刻坝体所受动水压力的整体分布趋势是一致的，即坝顶头部与迎水坡交界区域、坝顶上游侧及坝头迎水坡一侧中间区域所受动水压力较大，这与实际情况是吻合的，从动床试验中观察到的现象来看，丁坝首先破坏的部位就出现在这几个区域；动水压力较小的区域出现在坝头背水坡一侧至背水坡区域，实际观察中也发现这一区域起初是比较稳定的，后期坝体基础不断被淘刷才出现不同程度的水毁现象；从整个坝体区域来看，流量小时所受动水压力较小，流量大时所受动水压力较大，需要指出的是流量较大时坝体背水坡坡脚处所受动水压力较大(图中表现为等值线比较密集)，这从一个方

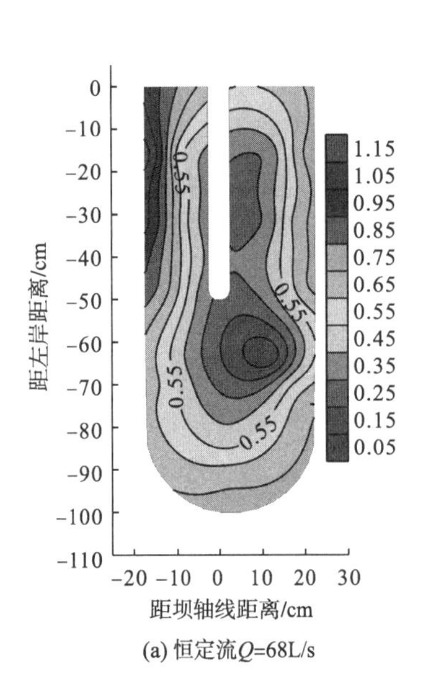

(a) 恒定流$Q$=68L/s

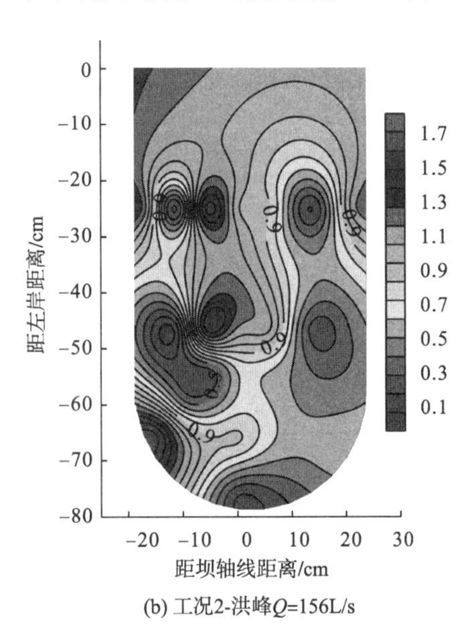

(b) 工况2-洪峰$Q$=156L/s

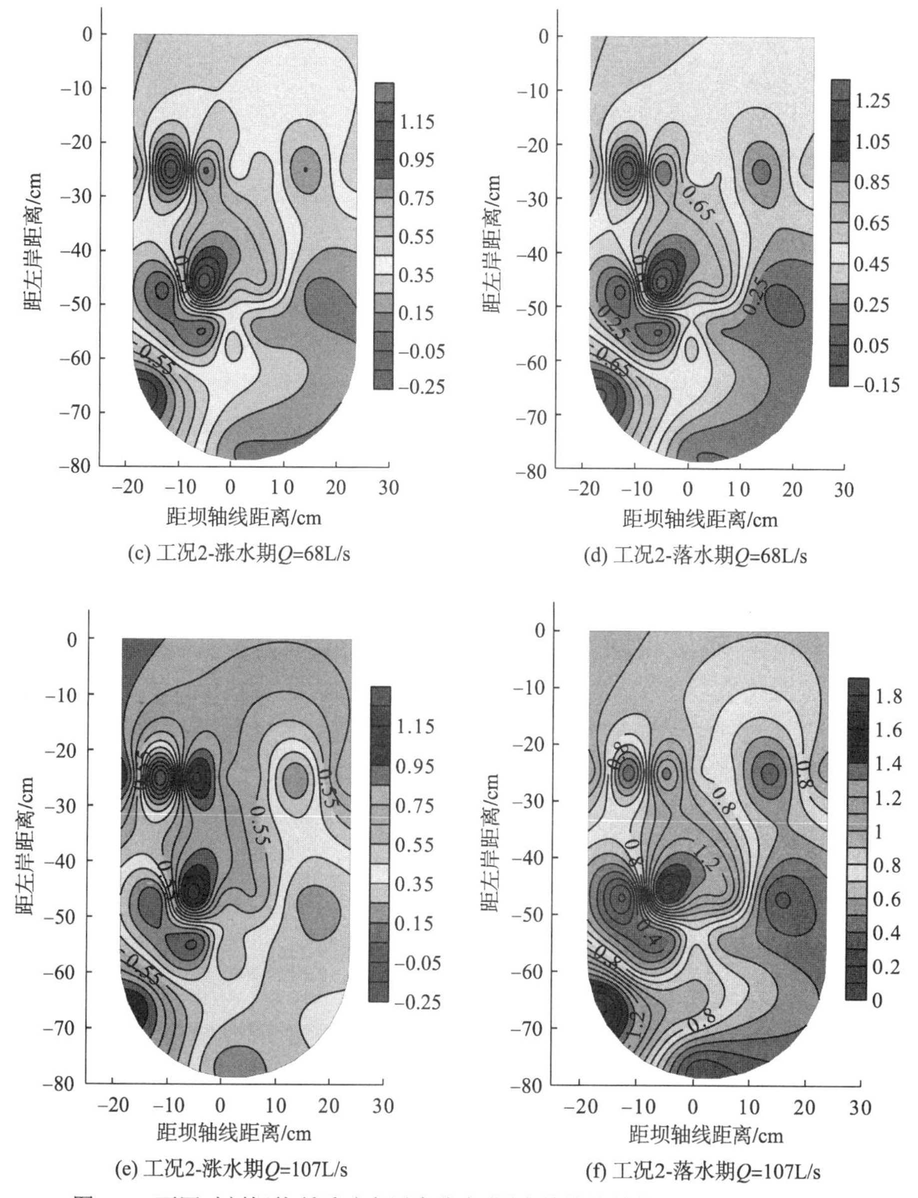


(c) 工况2-涨水期$Q$=68L/s

(d) 工况2-落水期$Q$=68L/s

(e) 工况2-涨水期$Q$=107L/s

(f) 工况2-落水期$Q$=107L/s

图 6-7　不同时刻坝体所受动水压力分布(图中等值线单位：kPa)(后附彩图)

面解释了背水坡在受到翻坝下潜水流的作用时容易出现水毁现象；从涨落水过程来看，同样的流量下，虽然动水压力分布总体趋势一致，但落水期坝体所受动水压力明显大于涨水期动水压力，这是由于落水期水位急剧下降，退水过程中水流向下的作用力比较明显，故对坝体的作用力也就较大；与非恒定流相比，相同流量时，恒定流条件下坝体所受动水压力最大值相差不大，但最大值出现的区域及整个坝体受力分布是不相同的，恒定流时由于水流相对比较平稳，造成水深大的区域其所受的动水压力也就较大，故恒定流时动水压力最大值出现在靠近坝根的迎水坡坡脚处，而实际上此处属稳定性较好的区域。因此，非恒定流条件下的动水压力分布与实际情况吻合较好。

### 6.3.2 水流作用于坝体脉动压力分布

丁坝周围水流运动具有高度的三维性，而且在非恒定流作用下，流量随着时间在不断发生变化，势必造成水流对丁坝坝体的作用力也在不断发生变化，水流脉动压力直接影响了丁坝坝体块石所受合力大小，脉动压力越大，坝体块石发生运动的概率就越大。因此，为了弄清非恒定流下坝体所受脉动压力分布规律及其与恒定流下坝体所受脉动压力分布规律的区别，图 6-8 给出了恒定流流量 $Q$=68L/s、工况 2 非恒定流涨水期和落水期流量分别为 $Q$=68L/s 和 $Q$=107L/s 及最大洪峰流量 $Q$=156L/s 时，坝体所受脉动压力等值线图。

从图 6-8 可以看出，同样的流量下恒定流与非恒定流作用下坝体所受脉动压力分布差别较大，表现为恒定流时脉动压力最大值出现在坝头背水坡一侧，非恒定流时脉动压力最大值出现在背水坡或坝顶头部。这是由于恒定流时坝头背水坡一侧动水压力较小，受坝头卡门涡的影响，此处水流紊动剧烈，故造成脉动压力较大。非恒定流时由于流速、水位随流量变化也是时刻变化的，当流量为 68L/s 时坝上水深不大，造成背水坡及坝顶头部水深流速变化剧烈，使得其动水压力变化较大，脉动压力也就越大；而坝头迎水坡一侧动力压力非恒定流较同流量时恒定流为大，所以造成非恒定流时坝头迎水坡一侧破坏严重，同样道理，恒定流时坝头背水坡一侧水毁较严重，这与张秀芳(2012)的结论及实际观测资料是一致的。

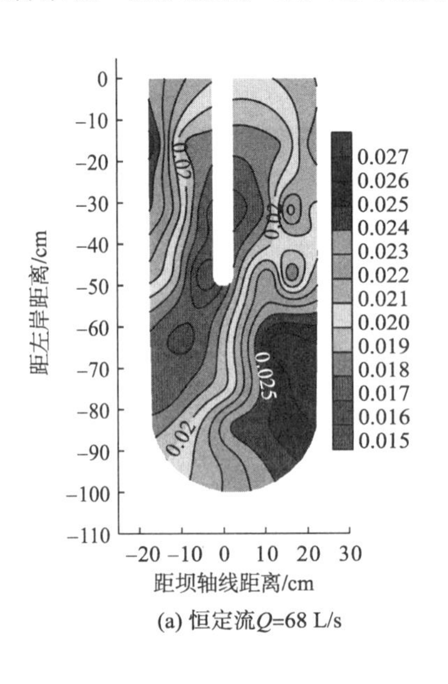

(a) 恒定流$Q$=68 L/s

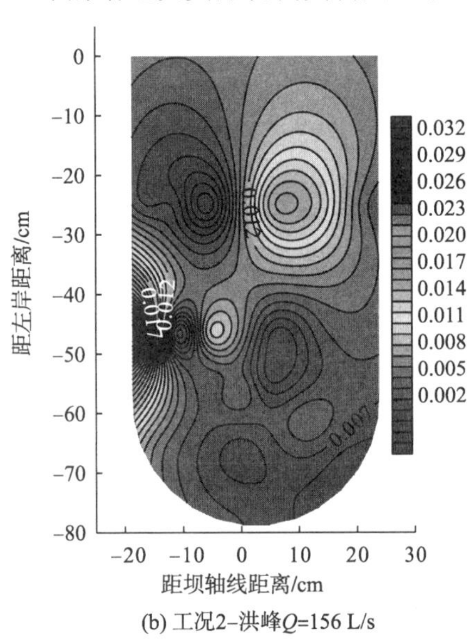

(b) 工况2-洪峰$Q$=156 L/s

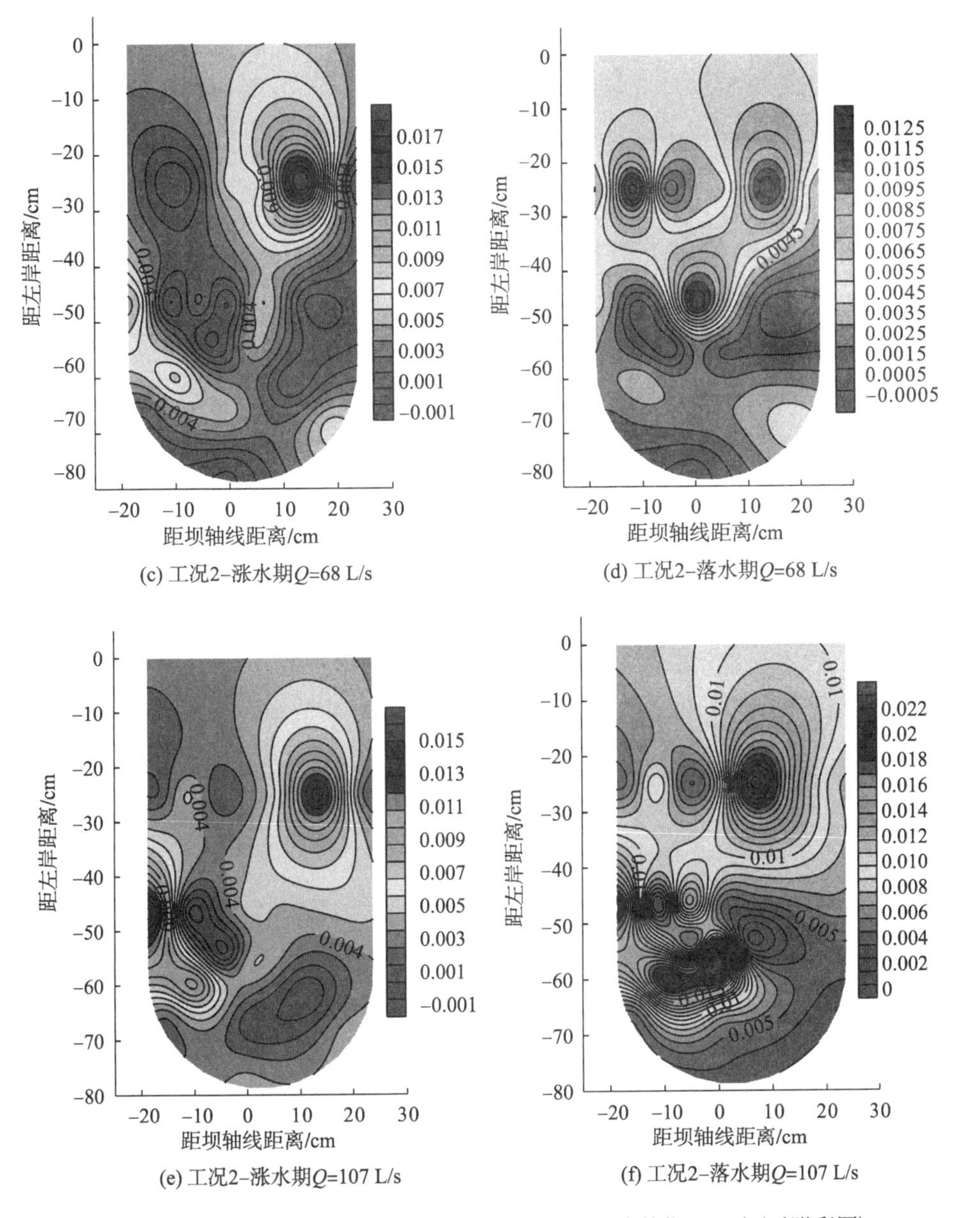


(c) 工况2–涨水期$Q$=68 L/s　(d) 工况2–落水期$Q$=68 L/s

(e) 工况2–涨水期$Q$=107 L/s　(f) 工况2–落水期$Q$=107 L/s

图 6-8　不同时刻坝体所受脉动压力分布(图中等值线单位：kPa)(后附彩图)

非恒定流时，就整个坝体来说，流量越大坝体所受脉动压力也越大，但涨水期由于流量 $Q$=68L/s 时水流刚刚漫坝且涨水过程中水位变化相对落水过程较缓，受翻坝下潜水流的影响，此时坝下游水位不断波动，造成背水坡靠近坝顶测点处所受压力变化幅度较大，这使得涨水期流量 $Q$=68L/s 时的脉动压力大于流量 $Q$=107L/s 时的脉动压力；就同一流量下涨落过程来说，流量较小时涨水期脉动压力大于落水期脉动压力，流量较大时落水期脉动压力大于涨水期脉动压力，这是由于流量较小时，落水期水位下降较快且上游首先开始退水，翻坝下潜水流造成的下游水位波动较涨水期时要小，故脉动压力最大值落水期要小于涨水期，流量较大时落水期水位变化速率较大，且此时坝上下游水深较大，下游由于水位波动造成的压力变化较小；洪峰流量时由于坝上水深较大，脉动压力最大值不是出现在背水坡，而是出现在迎水坡与坝头交界区域，这是由于此时流量和流速均较大，丁坝对水流的阻力也较大，迎水坡与坝头交界区域受绕过丁坝剧烈变化水流的作用，使得该区域所受脉动压力较大。

## 6.4 水流对坝体作用力紊动强度变化

水流对丁坝坝体作用力紊动强度反映了水流脉动压力相对动水压力的大小，体现了该测点某一时刻所受压力的变化程度，如某测点的脉动压力较大并不表明其所受的动水压力较大，这一点从图 6-7 和图 6-8 即可看出。

压力紊动强度定义为脉动压力的均方根，可表示为

$$P_{\mathrm{rms}}=\sqrt{\frac{\sum_{i=1}^{n}\left(P_i-\bar{P}\right)^2}{n}} \tag{6-12}$$

式中，$P_i$为瞬时压力；$\bar{P}$为时均压力(本书取时均时间为 1s)；二者之差即为脉动压力 $p'(t)=P(t)-\bar{P}(t)$；$n$为样本数。

因此，为了弄清坝体各区域所受压力的离散程度，绘出了恒定流流量 $Q$=68L/s、工况 3 非恒定流涨水期和落水期流量分别为 $Q$=68L/s 和 $Q$=107L/s 及最大洪峰流量 $Q$=156L/s 时，坝体所受压力紊动强度等值线图，如图 6-9 所示。

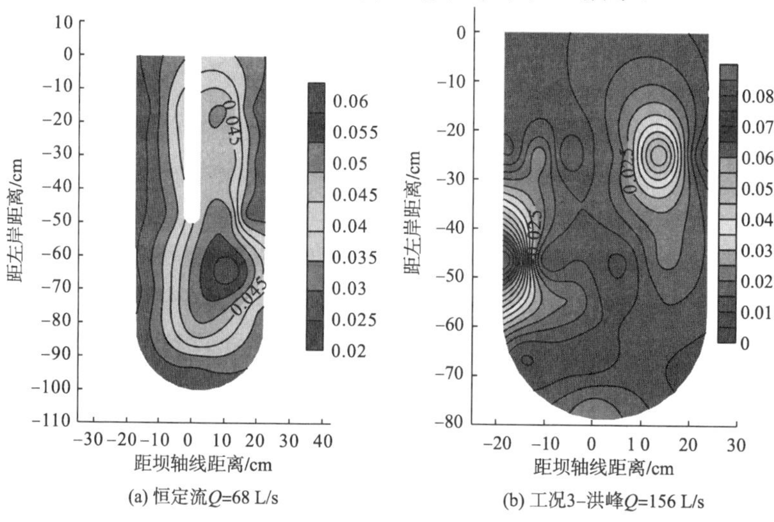

(a) 恒定流$Q$=68 L/s　　(b) 工况3–洪峰$Q$=156 L/s

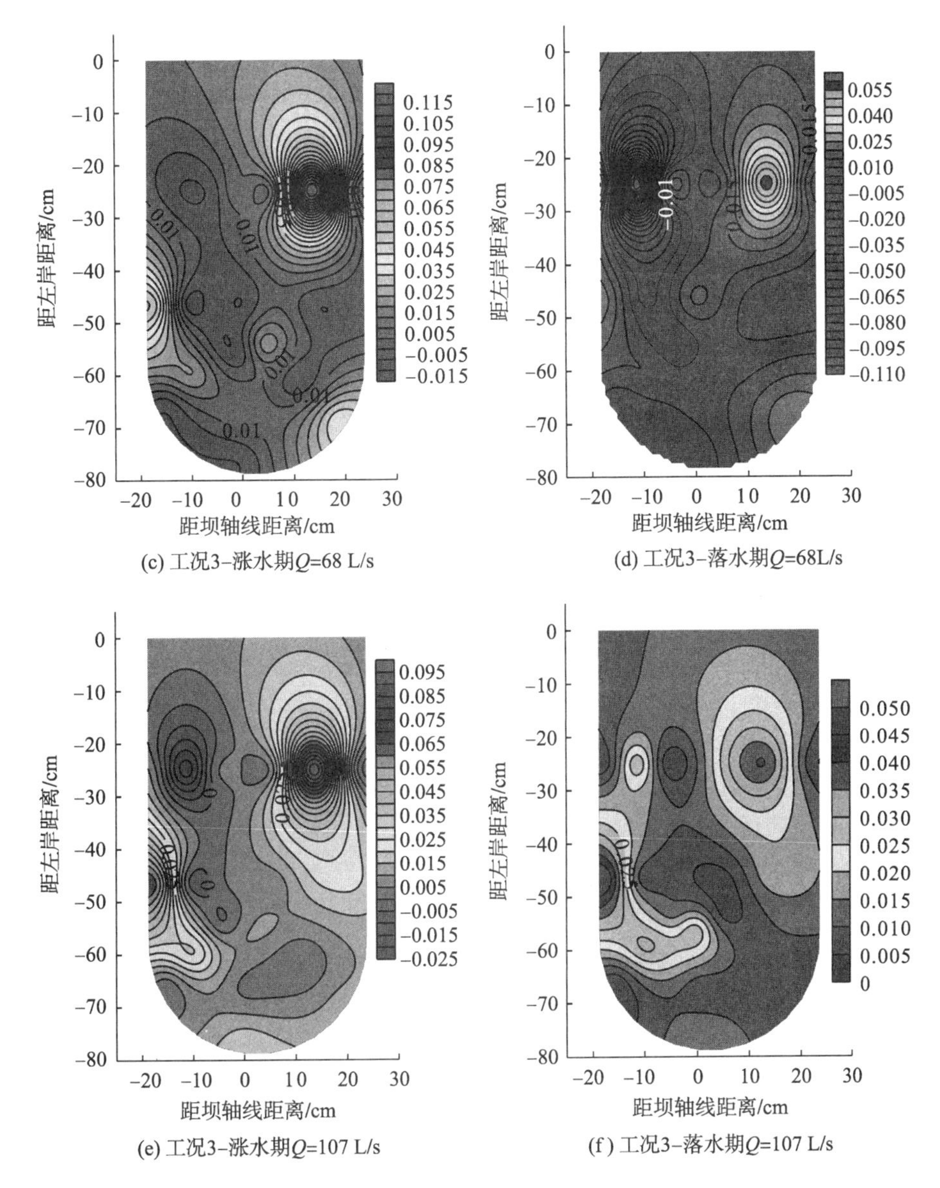

(c) 工况3−涨水期$Q$=68 L/s　(d) 工况3−落水期$Q$=68L/s

(e) 工况3−涨水期$Q$=107 L/s　(f) 工况3−落水期$Q$=107 L/s

图6-9　不同时刻坝体受力紊动强度分布(图中等值线单位：kPa)(后附彩图)

非恒定流时不同时刻及流量情况下，坝体受力紊动强度最大值均出现在丁坝背水坡和迎水坡与坝头交界区域，这两个区域也是实际工程中丁坝首先发生水毁或破坏较严重的区域，说明压力紊动强度从一个侧面能更好地反映丁坝水毁的程度。恒定流时，坝体所受压力紊动强度最大值出现在向河坡背水一侧上部，这是由于来流量不变，丁坝前后水深变化较小，受到坝身及向河坡迎水面的挑流作用，此区域所受水流冲击力较小，但受坝头漩涡存在的影响其所在位置水位波动频繁，致使所受压力变化幅度较大，使得其压力紊动强度较大，但该区域并非丁坝首先水毁的部位。因此，非恒定流作用时坝体所受压力紊动强度分布能够较好地反映其水毁部位，而恒定流时则不然。

## 6.5 小　　结

(1)天然河道中的坝体块石失稳是由有效重力、拖曳力、动水冲击力、上举力及水流渗透力的共同作用造成的；本章给出了斜坡上块石的起动条件，借鉴已有研究成果分析了水流脉动对块体稳定性的影响。

(2)从时间序列上看，丁坝各部位动水压力变化过程与流量变化过程保持了较好的同步性；不论流量过程如何，动水压力最大值均出现在最大洪峰流量出现时间附近，而脉动压力在时间上的分布规律则不是很明显，但脉动压力最大值多数出现在洪峰流量过后的落水期，说明丁坝水毁主要发生在洪峰流量及流量较大的落水期。

(3)本章给出了坝体所受动水压力及脉动压力等值线图，表明坝顶头部与迎水坡交界区域、坝顶上游侧及坝头迎水坡一侧中间区域所受动水压力较大，流量较大时坝体背水坡坡脚处所受动水压力较大，落水期坝体所受动水压力明显大于涨水期动水压力；恒定流时动水压力最大值出现在靠近坝根的迎水坡坡脚处，与恒定流条件下坝体受力分布的对比结果表明，非恒定流条件下坝体受力分布较真实地反映了天然河道中坝体的受力情况，由此揭示了丁坝水毁的内在机理。

(4)恒定流时脉动压力最大值出现在坝头背水坡一侧，非恒定流时脉动压力最大值出现在背水坡或坝顶头部；非恒定流时，就整个坝体来说流量越大坝体所受脉动压力也越大；受翻坝下潜水流的影响，涨水期流量 $Q$=68L/s 时的脉动压力大于流量 $Q$=107L/s 时的脉动压力；流量较小时涨水期脉动压力大于落水期脉动压力，流量较大时落水期脉动压力大于涨水期脉动压力；洪峰流量时脉动压力最大值出现在迎水坡与坝头交界区域。

(5)非恒定流作用时丁坝坝体所受压力紊动强度分布与水毁实际部位吻合较好，而恒定流作用时则不然。

# 第7章 非恒定流条件下丁坝冲刷机理研究

## 7.1 坝体块石滚落和坝体塌陷的特点

山区河流散抛石坝水毁机理一直是航道整治工程科研、设计、施工及管理部门关心的问题，要弄清其水毁机理，必须从组成坝体的块石的运动方式及特点入手。由于天然河流水深及坝体等尺度较大，不便于观察坝体块石运动的形式，因此，本节在模拟天然河流来水过程的基础上，观察丁坝坝体块石运动及坝体塌陷的特点，并分析其原因。

### 7.1.1 坝头块石运动特点

坝头块石从迎水面靠近河床表面处开始发生运动，这是由于底部水流遇到丁坝发生绕射，即沿着丁坝折向丁坝所在一侧对岸，在丁坝坝头处其所受阻力急剧减小，水流动能增大，当流速达到某一临界值时，向河坡靠上游侧块石就开始向下游运动(图 7-1)。起先一段距离受到丁坝挑流的影响，运动轨迹指向对岸一侧，越过坝轴线后，由于坝头附近水流紊动剧烈，流速大小近似呈周期性变化，致使一部分块石在越过水流分离区受到主流区指向丁坝一侧较大的作用力后，运动轨迹又指向丁坝一侧，并逐渐进入冲刷坑内。而另一部分块石由于越过水流分离区时受到指向丁坝一侧作用力较小，穿过分离区进入主流区，并随着主流区泥沙颗粒一起向下游行进。

图 7-1 向河坡靠上游侧块石首先起动

随着洪水持续或间断冲刷的不断进行，坝头靠近床面的块石不断地被水流带向下游，达到一定程度之后，由于底部基础不稳，导致坡面上的块石不断滚落至坡脚，同时坡面上的一些块石受到绕过坝头下潜水流的作用也被带至坡脚或下游冲刷坑，造成坝头大面积水毁，这一过程中迎水面块石水毁程度较下游侧严重；当最大洪峰过坝时，坝头水毁迅速，短时间内坝头基本全部水毁(图 7-2)；最大洪峰过后，随着冲刷过程的发展，坝头块石有少量会向下游运动，但总体基本趋于稳定。

图 7-2 坝头基本全部水毁

## 7.1.2 坝身块石运动特点

丁坝处于非淹没状态时，坝身块石基本处于静止状态。水流翻坝时，坝顶及背水坡块石滑落较多，这是由于水流流速大于坝面某些块石的起动流速，另一方面由于坝体由散抛块石组成，表面局部区域凹凸不平，造成坝体在局部区域所受阻力较大，形成竖轴漩涡，块石在竖轴漩涡的作用下更容易起动(陈小莉和马吉明，2005)，影响坝面块石的稳定。背水坡块石受到洪水期下潜水流的作用稳定性下降，也易发生滚落或坍塌现象，这是由于洪水来之前，丁坝前后具有一定的水位差，当洪水来之后坝前水位迅速抬高，而此时坝后水位由于丁坝的遮挡作用，水位增长速率明显小于坝前，造成短时间内丁坝上下游水位落差较大(图 7-3)，此时对背水坡及坝下游床面的冲刷力度也最强，坝顶靠下游一侧块石大面积滑动至背水坡(图 7-4)。

随着冲刷强度的增大和冲刷历时的延长，坝顶及背水坡块石继续呈滑动、滚落方式运动，经过多次的洪水涨落过程后，坝顶块石被冲落较多，坝身横断面由原来的梯形断面逐渐被洪水冲蚀成弧线形断面。坝高减小但坝体宽度增大，且由于散抛石坝具有一定的透水性，局部区域透水率较大，水流在坝体内部紊动较剧烈，在翻坝下潜水流和内部紊动水流的综合作用下，坝体内部块石排列组合方式发生变化，造成坝顶局部区域出现凹陷和坍塌现象，形成坝顶冲刷坑(图 7-5)。受坝后冲刷坑剧烈涡流的作用(图 7-6)，背水坡坡脚在遭受一定程度淘刷后，背水坡的坡面及坡脚块石在自身重力的作用下，开始向下滑落。

图 7-3　洪水陡涨过程中丁坝上下游水位落差

图 7-4　坝顶块石滑落至背水坡

图 7-5　坝顶塌陷照片

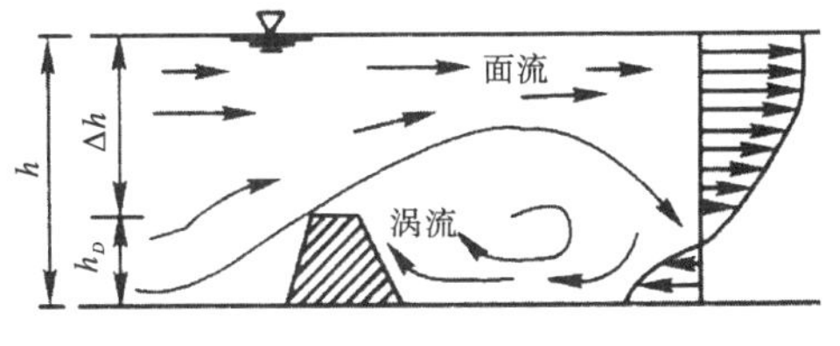


图 7-6　淹没丁坝横断面水流结构示意图

## 7.1.3　冲刷坑内块石运动特点

坝体块石脱离丁坝之后，绝大部分块石受坝头竖轴漩涡的作用，会逐渐运动到坝后冲刷坑边缘。其中一部分块石沿着冲刷坑上游边坡滚入坑底，另一部分块石在运动到一定阶段后，外部载荷不足以使其继续向冲刷坑内滑落时就停留在冲刷坑边坡上。在下一次洪水到来时，上游补给过来的块石也是一部分运移至冲刷坑底部，另一部分停滞于边坡上，不同的是上一次洪水作用后停留在边坡上的块石，在下一次洪水作用时，其中一部分也会继续向下游冲刷坑内行进。

散落块石在运移至冲刷坑底部时，由于坝后冲刷坑最深处也即卡门涡中心所在位置，受到卡门涡的作用，漩涡中心的负压强很大，致使冲刷坑内块石一部分被带起，在水流的作用下，沿着冲刷坑下游边坡攀爬至冲刷坑下游淤积体。此处与卡门涡中心已有一定距离，受漩涡作用大大减弱，一部分大粒径块石就停留在此处，另一部分小粒径块石在水流的带动下继续向下游行进直至滑落到淤积体边缘，受到淤积体的遮蔽作用，这部分小粒径块石也停止运动并逐渐被上游输送过来的泥沙颗粒所包围或淹没；部分停留在冲刷坑内的块石，其边缘泥沙颗粒在漩涡作用下不断被带起并冲至下游形成淤积体，造成其在自身重力作用下逐渐下沉并被冲刷坑内泥沙包围或覆盖(图 7-7)。

图 7-7 冲刷坑内块石照片

### 7.1.4 丁坝水毁程度分析

图 7-8 为丁坝在水流作用下坝体冲落块石体积对比图，分 6 种类别(横坐标)进行对比，对比影响因素见表 7-1。

年最大洪峰流量(类别 1)和坝长(类别 3)不同时，洪峰流量及坝长越大，坝体水毁体积越大，随着洪峰流量的持续增大，坝体水毁体积增大幅度减小，这是由于坝体损毁到一定程度后其抵御相同水流条件的能力是增大的。

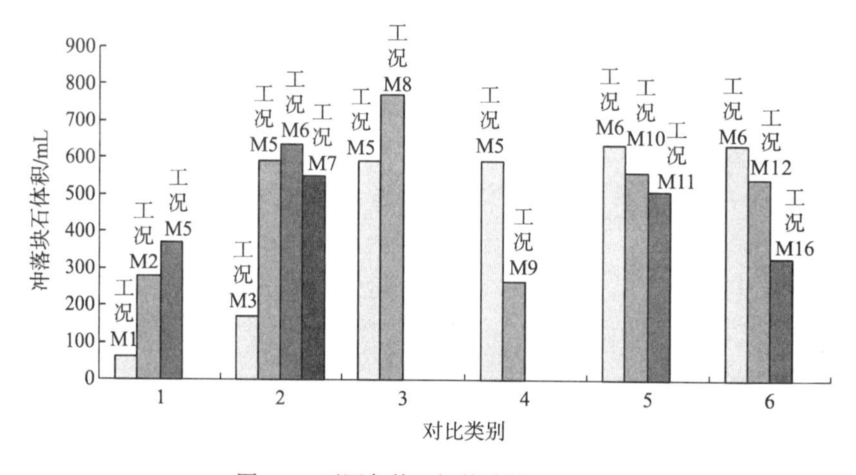


图 7-8 不同条件下坝体冲落块石对比

表 7-1　不同影响因素及坝体冲落块石体积

| 类别 | 工况及流量过程 | 影响因素 | | 冲落块石体积/mL |
|---|---|---|---|---|
| 1 | 工况 M1-3 年一遇(Q95.45T35) | 不同年最大洪峰流量/(L/s) | 89 | 60 |
| | 工况 M2-5 年一遇(Q58.35T35) | | 132 | 280 |
| | 工况 M5-10 年一遇(Q30T35) | | 158 | 370 |
| 2 | 工况 M3-5 年一遇(Q30T70) | 不同有效洪水周期个数 | 11 | 170 |
| | 工况 M5-10 年一遇(Q30T35) | | 14 | 590 |
| | 工况 M6-20 年一遇(Q30T18) | | 15 | 635 |
| | 工况 M7-50 年一遇(Q30T7.5) | | 17 | 550 |
| 3 | 工况 M5-10 年一遇(Q30T35) | 不同坝长/cm | 50 | 590 |
| | 工况 M8-10 年一遇(Q30T35) | | 70 | 770 |
| 4 | 工况 M5-10 年一遇(Q30T35) | 不同挑角/(°) | 90 | 590 |
| | 工况 M9-10 年一遇(Q30T35) | | 120 | 265 |
| 5 | 工况 M6-20 年一遇(Q30T18) | 不同坝头型式 | 圆弧形直头 | 635 |
| | 工况 M10-20 年一遇(Q30T18) | | 圆弧形勾头 | 560 |
| | 工况 M11-20 年一遇(Q30T18) | | 扇形勾头 | 510 |
| 6 | 工况 M6-20 年一遇(Q30T18) | 不同床沙中值粒径/mm | 1 | 635 |
| | 工况 M12-20 年一遇(Q30T18) | | 1.5 | 545 |
| | 工况 M16-20 年一遇(Q30T18) | | 2 | 330 |

年有效洪水周期个数(类别2)不同时，一般来说，有效洪水周期个数越多，坝体损毁体积也越多(工况 M3、M5、M6)，但坝体损毁也与流量过程的峰型有关。如工况 M7 流量过程虽然有效洪水周期个数较多、洪水总量也较大，但其流量从整个过程来看陡涨陡落的趋势不明显，流量在大部分时间内较大，造成水位在大部分时间内较高，坝体块石较床面泥沙来说更加难以起动，使得坝体在损毁到一定程度后，由于流量变幅不大，坝体较床面泥沙逐渐趋于较稳定的状态，所以其损毁体积较小。

挑角(类别4)不同时，正挑丁坝损毁体积明显大于下挑丁坝，这是由于正挑丁坝对水流的束窄程度较大，水流对其的反作用力也较大，造成坝头流速较大、漩涡较强，致使其水毁体积较大。坝头型式(类别5)不同时，坝头损毁体积由小到大依次为扇形勾头、圆弧形勾头、圆弧形直头，由此可见勾头型式的丁坝抵御水毁的能力较强，勾头部分对坝头起着一定的保护作用，因为有了勾头部分的存在，下游冲刷坑中心离坝头较远(图 7-9)，即使其范围及深度较大，对坝头造成的影响也较小；扇形勾头比圆弧形勾头丁坝损毁体积更小是由于其本身坝头体积较大，相当于对坝头来说，扇形坝头比圆弧形坝头有着更加稳固的基础。床沙中值粒径(类别 6)不同时，粒径越大坝体损毁体积越小，因为床沙粒径越大，床面抗冲刷能力越强，相同的水流及坝体条件下，冲刷坑的范围及深度也越小，由于冲刷坑过大过深造成坝头块石滚落及塌陷的可能就越小，故床沙中值粒径较大时其损毁程度较轻。

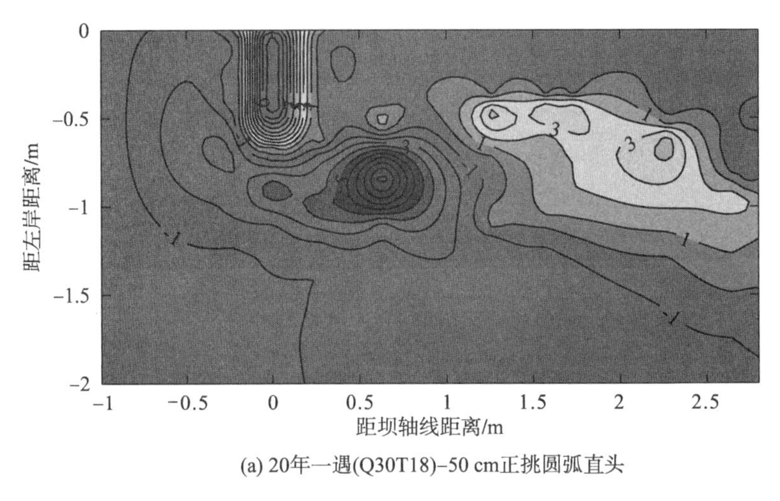


(a) 20年一遇(Q30T18)–50 cm正挑圆弧直头

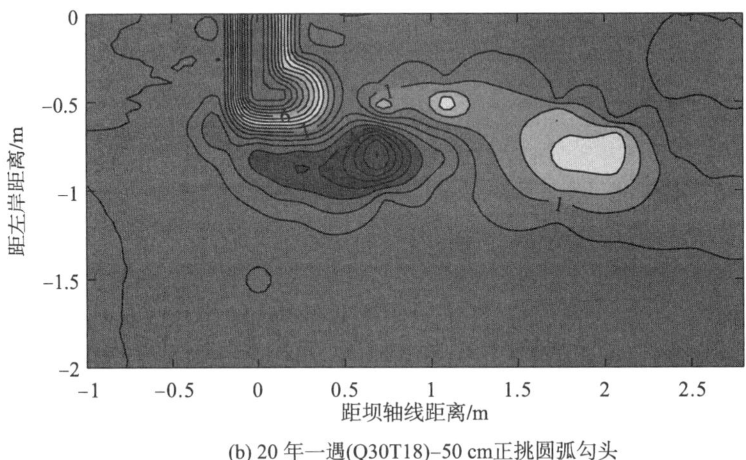


(b) 20 年一遇(Q30T18)–50 cm正挑圆弧勾头

图 7-9 坝头型式不同时最终冲刷地形等值线图(单位：cm)(后附彩图)

# 7.2　坝头局部冲刷的范围和冲刷深度的变化规律

## 7.2.1　坝头局部冲刷敏感因素分析

丁坝及床面冲刷与洪峰流量、洪水总量、洪水持续时间及洪水涨落过程等水文要素有关，但哪一个水文要素对冲刷起主导作用是工程设计、施工及管理部门关心的问题。基于此，本节以不同发生频率的年最大洪峰与半月最大洪量遭遇及年最大洪峰与洪水有效周期为 10 年一遇的洪水过程为例，分析各水文要素对丁坝及床面冲刷的贡献大小。

图 7-10 为年最大洪峰流量与半月最大洪量遭遇冲刷地形及最大冲深横剖面图，上图为最终冲刷地形等值线图，下图为对应最大冲深点所在横断面剖面图。从整个测区来看，洪峰流量较大时整个床面冲刷程度及坝头冲刷坑深度均较大，坝后回流区淤积厚度也较大；从冲刷坑的范围来看，洪水总量较大时冲刷坑范围较大，且冲刷坑坡度较缓；从最大冲刷点位置来看，最大冲深点沿横断面方向位置基本一致，但洪水总量较大时最大冲深点距离坝轴线较近。这说明，对于同样重现期的洪水过程，洪峰流量对冲刷深度起主导作用，洪水总量对坝头冲刷坑范围起主导作用。

图 7-11 为年最大洪峰流量与洪水有效周期遭遇冲刷地形及最大冲深横剖面图，上图为最终冲刷地形等值线图，下图为对应最大冲深点所在横断面剖面图。从整个测区来看，洪水有效周期个数较多时整个床面冲刷程度及坝头冲刷坑深度均较大，坝后回流区淤积范围及厚度也较大；从冲刷坑的范围来看，洪水有效周期个数较多时冲刷坑范围较大；从最大冲刷点位置来看，洪峰流量较大时最大冲深点沿横断面方向距离左岸(丁坝所在一侧)较近。这说明，对于同样重现期的洪水过程，洪水有效周期个数对冲刷坑范围及冲刷深度均起主导作用。

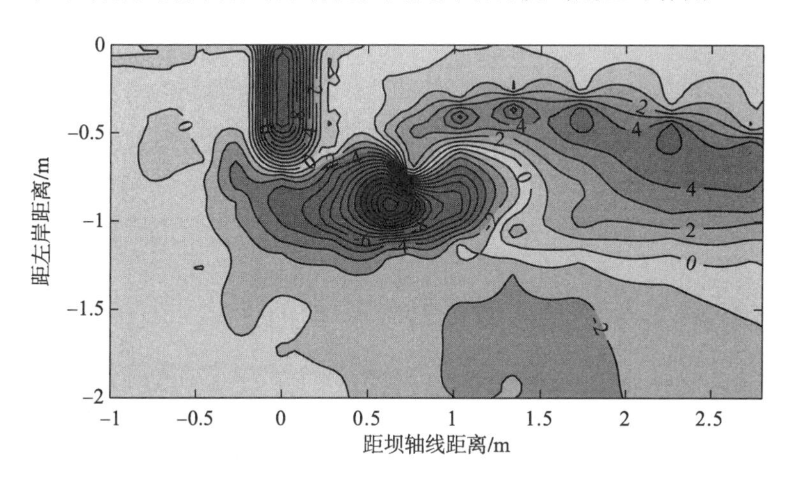

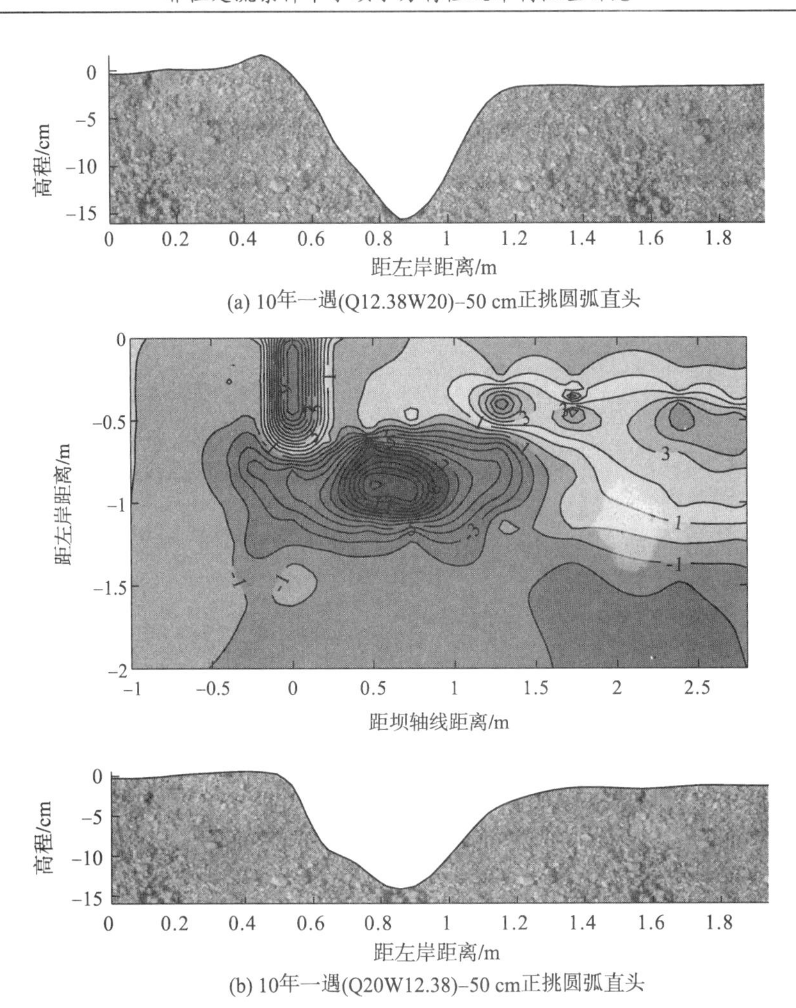


(a) 10年一遇(Q12.38W20)–50 cm正挑圆弧直头

(b) 10年一遇(Q20W12.38)–50 cm正挑圆弧直头

图 7-10 年最大洪峰流量与半月最大洪量遭遇

冲刷地形及最大冲深横剖面图(单位：cm)(后附彩图)

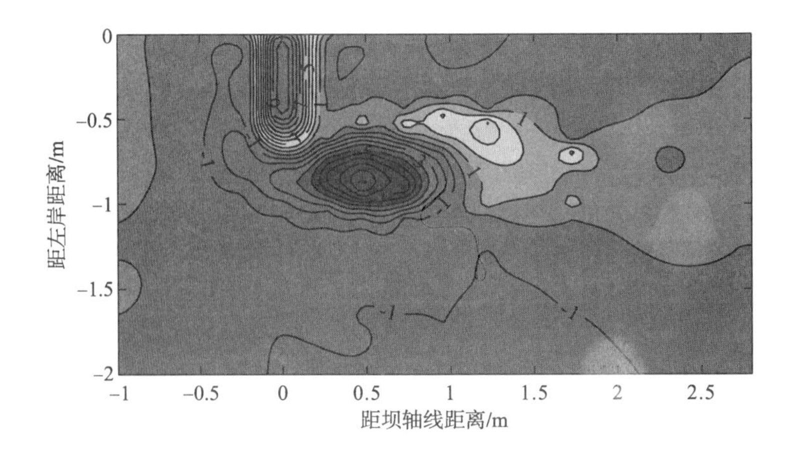

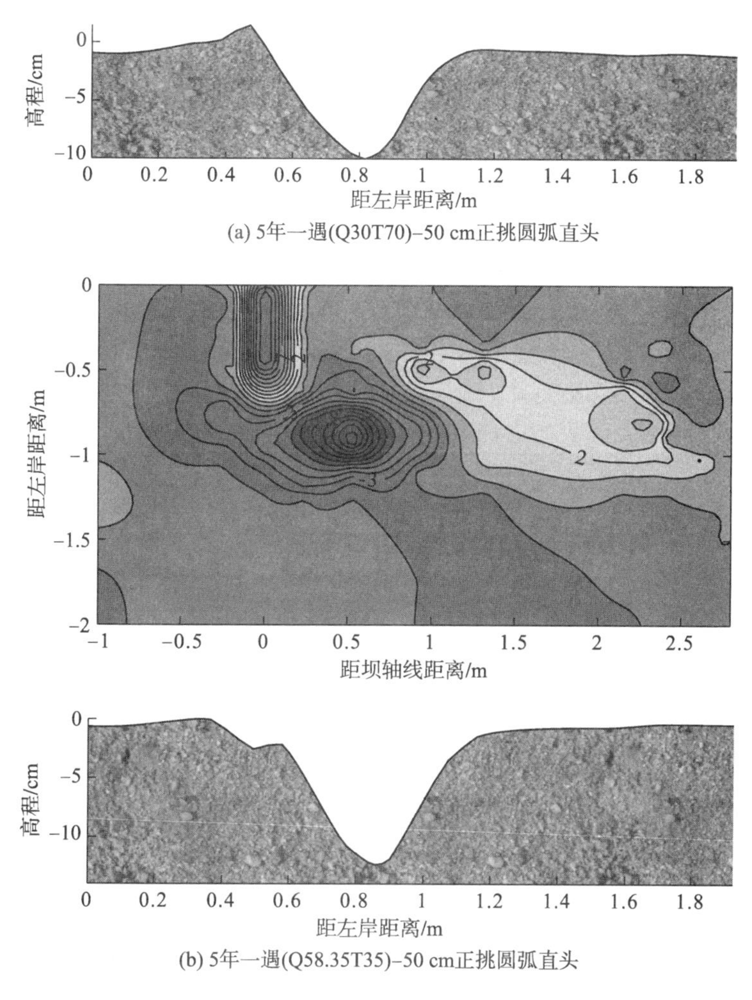


(a) 5年一遇(Q30T70)–50 cm正挑圆弧直头

(b) 5年一遇(Q58.35T35)–50 cm正挑圆弧直头

图 7-11　年最大洪峰流量与洪水有效周期遭遇冲刷地形及最大冲深横剖面图(单位：cm)(后附彩图)

## 7.2.2　坝头冲刷坑发展过程分析

通过前面的分析可知，坝头上游水流行近丁坝时，在坝前分成两部分：一部分直接绕过坝头，另一部分在坝前受阻变为螺旋水流冲刷床面，并直接绕过坝脚向下游扩散。刚开始时(枯水期)，坝头处细颗粒泥沙最先起动，但坝头漩涡的规模和尺度较小，在坝头处形成浅冲刷带，随着时间的推移，靠近坝头河床逐渐粗化，裸露在床面上的粗颗粒泥沙也逐渐开始向下游运动；当第一个洪峰过坝时，坝头处大量泥沙颗粒被带向下游，同时坝后冲刷坑也在短时间内迅速形成，受丁坝挑流及坝头漩涡作用，丁坝对岸一侧床面不断粗化，冲刷坑范围内的一部分细颗粒泥沙在坝头漩涡的作用下，被带向坝后负压区并在此落淤形成坝后沙垄(图 7-12 和图 7-13)，其余泥沙颗粒被带向下游。随着与坝轴线距离的增加，流速及旋涡强度逐渐减小，水流挟沙力减弱，使得泥沙颗粒也逐渐沉积下来，粒径较大的泥沙颗粒先落淤，这造成了冲刷坑下游地形高程大于断面平均高程(图 7-14)，沙垄高程沿纵向表现为缓慢增大(图 7-15)。

当最大洪峰过坝时，冲刷坑进入第二阶段的快速发展过程，短时间内在冲刷坑下游形成第二道沙垄，最大洪峰过后，冲刷坑发展减缓。由于第二道沙垄的形成造成其所在位置水深较小，使得其所在区域流速较大，第二道沙垄向下游行进速度较快，与此同时，最初形成的沙垄由于第二道沙垄的存在，致使上游来沙未能及时补给，造成其逐渐消亡。此时形成的冲刷坑范围与最终冲刷坑范围宽度方向差别不大，长度方向随着后期洪水过程作用的不同有所差别。

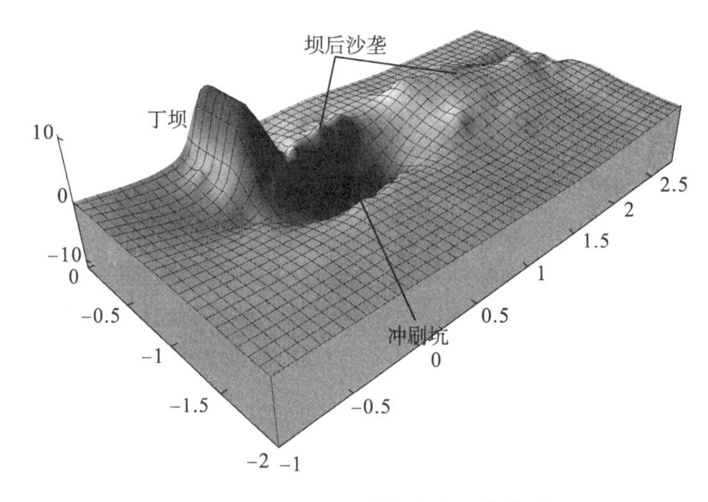


图 7-12 工况 M5 最终冲刷三维地形

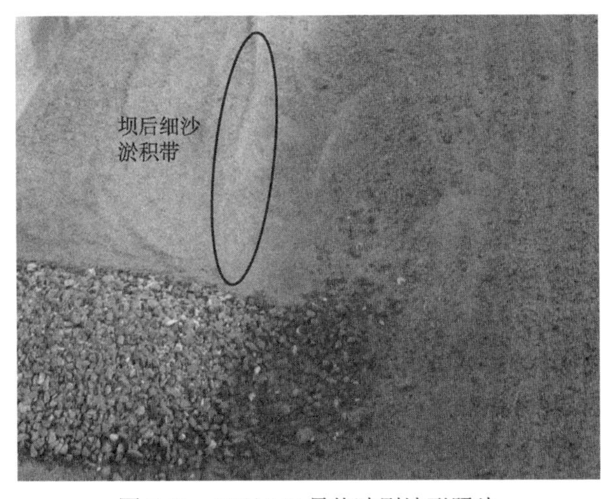


图 7-13 工况 M5 最终冲刷地形照片

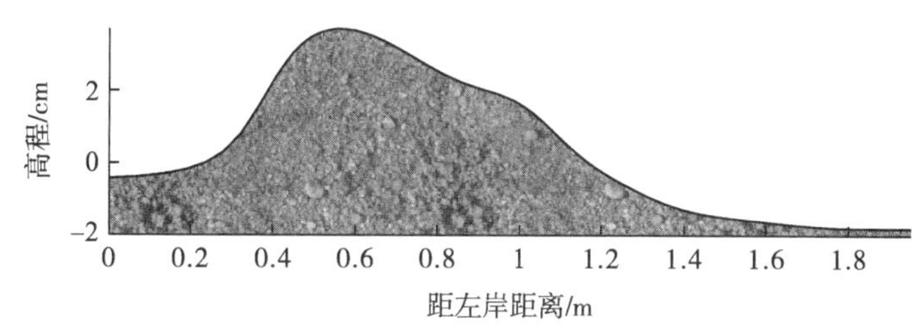


图 7-14　工况 M5 距坝轴线 1.5m 处横剖面图

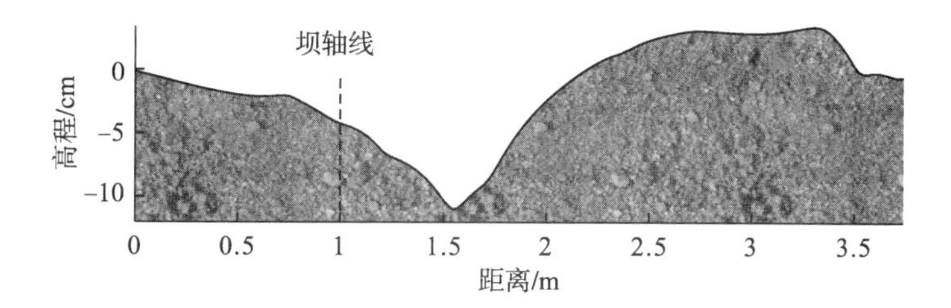


图 7-15　工况 M5 最大冲深点纵剖面图

此后，随着冲刷历时的延长，冲刷范围变率逐渐减小，冲刷坑内的泥沙颗粒根据其运动特征大体上可分为两个区域，即滑落区和推移区(图 7-16)，二者交界线距离丁坝最远点即为最大冲刷点。这一阶段推移区带走一定量的泥沙，上游滑落区按一定量补充，冲深增加逐渐变慢，且不同的冲刷坑形状类似，滑落区边坡坡度总体上保持不变，这个坡度主要取决于水流状况和床沙颗粒的内摩擦角。

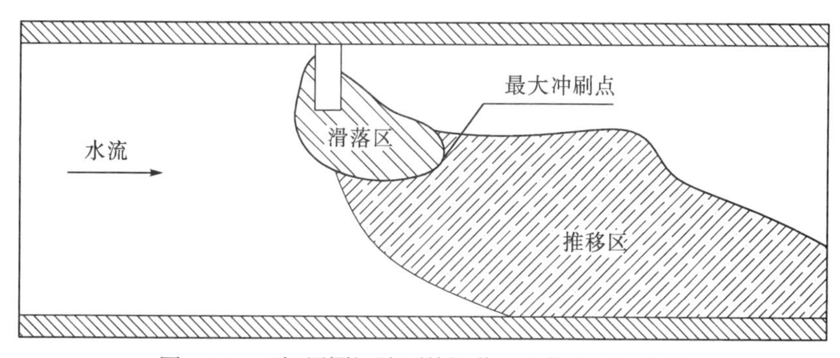


图 7-16　丁坝周围泥沙颗粒滑落区和推移区示意图

## 7.2.3　坝头冲刷坑长度及宽度变化规律

冲刷坑长度和宽度随冲刷历时的增加总体来说是逐渐增大的(图 7-17 和图 7-18)，不同的是流量的大小及流量的变化幅度对冲刷坑长度和宽度的变率会有不同的影响，表现为全过程流量较小时(工况 M1)冲刷坑范围增大较缓慢，全过程流量较大时(工况 M7)冲刷坑范围增大较迅速；冲刷坑范围发展最快的时刻出现在前两个较大的洪峰流量(有效洪水周期)前后，当流量过程有一个明显较大的峰值流量且流量变率很大时，这一阶段冲刷坑的发展也比较迅速(工况 M3 和工况 M6)，此后冲刷坑范围的发展比较平缓；洪水期过后，当最后一个流量峰值较大且流量陡然减小时，床面遭受落水冲刷，冲刷坑宽度增大幅度变大直至整个流量过程结束(工况 M5 和工况 M6)。

年最大洪峰流量不同、洪水有效周期相同时，冲刷坑的最终长度随着洪峰流量的增大而增大(图 7-17)，冲刷宽度与洪峰流量的线性关系不明显；年最大洪峰流量相同、洪水有效周期不同时，冲刷坑的最终长度与宽度均随着洪水有效周期的增大而增大，见图 7-17 和图 7-18。这一现象印证了 7.2.1 节的分析结果，即对于同样重现期的洪水过程，洪水有效周期个数对冲刷坑范围起主导作用。

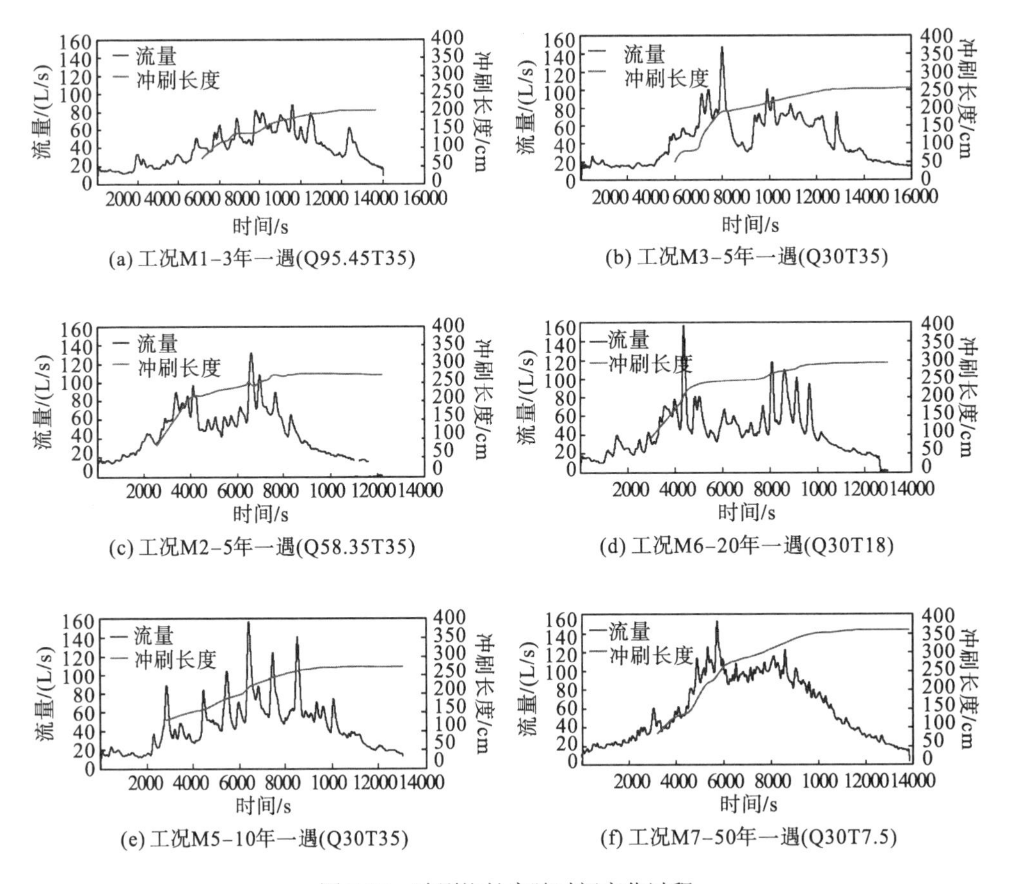


(a) 工况M1-3年一遇(Q95.45T35)

(b) 工况M3-5年一遇(Q30T35)

(c) 工况M2-5年一遇(Q58.35T35)

(d) 工况M6-20年一遇(Q30T18)

(e) 工况M5-10年一遇(Q30T35)

(f) 工况M7-50年一遇(Q30T7.5)

图 7-17　冲刷坑长度随时间变化过程

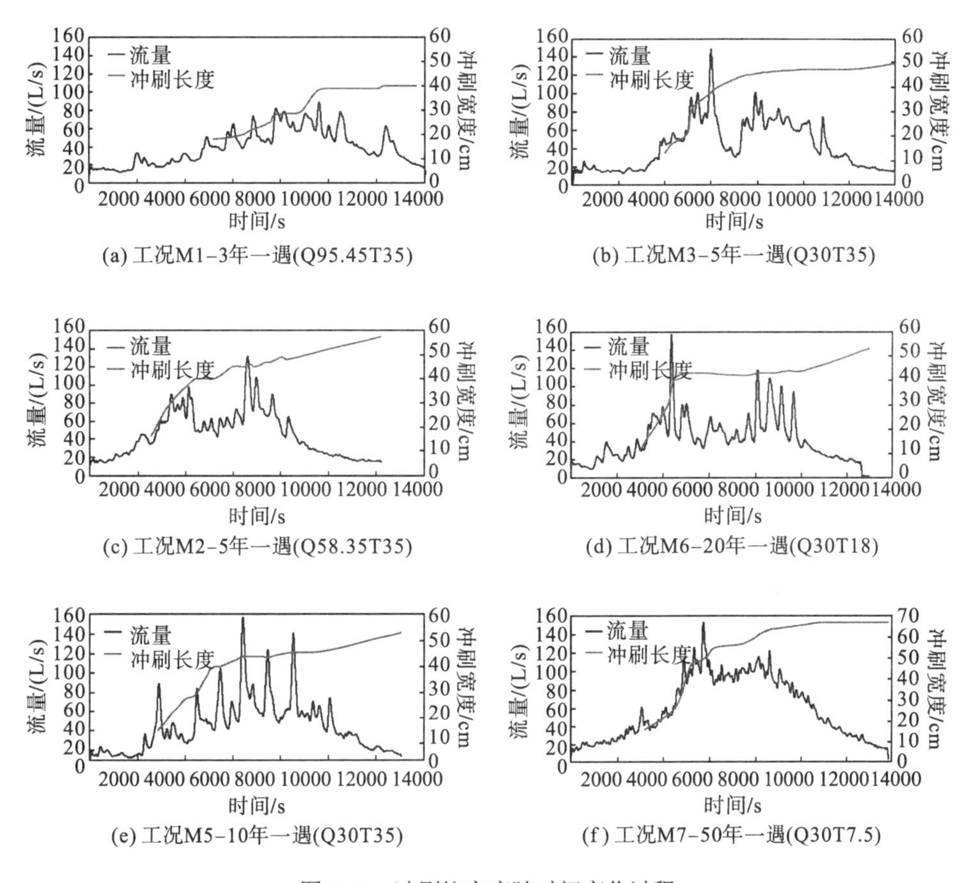

(a) 工况M1-3年一遇(Q95.45T35)

(b) 工况M3-5年一遇(Q30T35)

(c) 工况M2-5年一遇(Q58.35T35)

(d) 工况M6-20年一遇(Q30T18)

(e) 工况M5-10年一遇(Q30T35)

(f) 工况M7-50年一遇(Q30T7.5)

图 7-18　冲刷坑宽度随时间变化过程

以 10 年一遇(Q30T35)流量过程为例，分析坝长和挑角不同时，坝头冲刷坑长度及宽度变化规律。从图 7-19 和图 7-20 可以看出，同一流量过程下，坝长较长时各时刻坝头冲刷坑的长度均较大，且在冲刷初期两者差值较冲刷后期要小。这是由于冲刷初期丁坝水毁程度较轻，坝长不同时坝头冲刷坑的形态基本一致，致使坝长较长时其位置离丁坝所在一侧较远，随着冲刷过程的持续，坝头水毁严重，特别是坝长较长时丁坝水毁的程度更为严重，水流受到的阻力也较大，达到冲淤平衡所需要的时间也越长，此时，两者坝后冲刷坑的形态出现差异，表现为坝长较长时冲刷坑的尺度较大(图7-21)；冲刷坑的宽度表现为冲刷初期坝长较长时冲刷宽度也较大，但冲刷发展到一定程度后，床面受冲刷严重。由于试验水槽为矩形断面水槽，水槽宽度一定，当丁坝较长时其对岸一侧床面必定遭受较大程度的冲刷，阻碍了冲刷坑向其对岸一侧发展，而坝后冲刷坑范围由于受到丁坝的遮蔽作用也不可能无限制发展，因此，在冲刷后期坝长较长时其冲刷宽度反而较小。

挑角较大时冲刷宽度较小，这是由于同一流量过程作用下，下挑丁坝对水流的阻力较小，其挑流影响的范围较小，丁坝对岸一侧单宽流量较正挑丁坝要小，导致水流对床面的冲刷能力较小，因此，下挑丁坝冲刷宽度较小；冲刷长度与挑角大小关系不大，是因为虽然正挑丁坝时床面整体冲刷程度较重，但下挑丁坝坝头指向下游，坝后受下挑丁坝的影响区域较大，因此在两方面的综合作用下，挑角不同时坝头冲刷坑的长度差别不大，见图 7-20 和图 7-21。

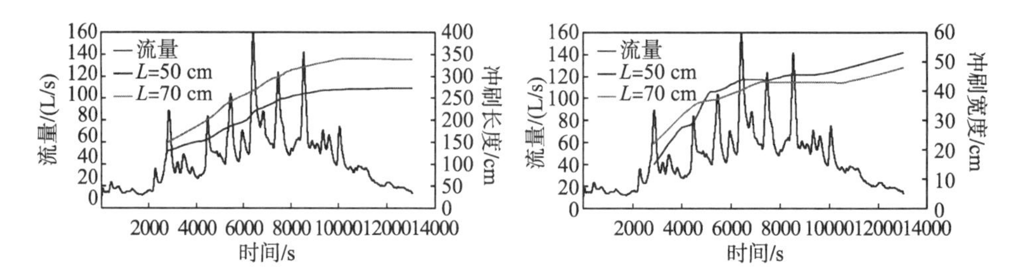


图 7-19　坝长不同时冲刷长度及宽度变化

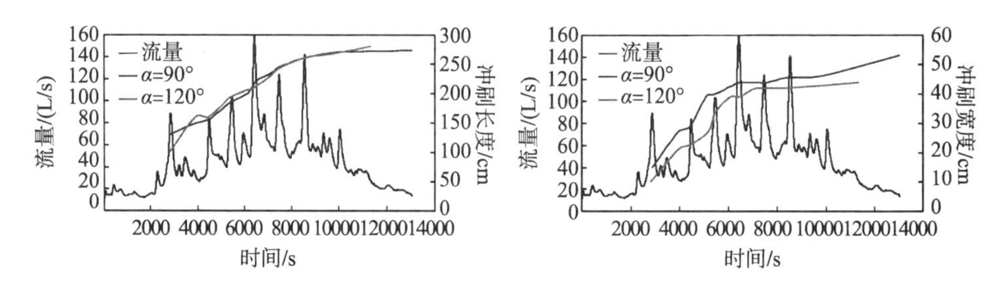


图 7-20　挑角不同时冲刷长度及宽度变化

图 7-21　不同坝长及挑角时最终冲刷地形照片

### 7.2.4　坝头冲刷深度变化规律

图 7-22 为冲刷坑深度随时间变化过程曲线，从中可以看出丁坝坝头冲刷坑开始形成时，流量约为 20L/s(相当于原型 6800m$^3$/s，由此说明试验基础流量取 5000m$^3$/s 是合理的)。此后，随着流量过程的涨落，冲刷坑深度逐渐增大，这与恒定流条件下坝头冲刷坑深度变化是相同的，不同的是恒定流条件下坝头冲刷深度曲线只在冲刷初期出现拐点，冲刷后期冲深变化率越来越小并逐渐达到稳定(苏伟等，2012)；而非恒定流作用下，由于流量是时刻变化的，加之床面泥

沙级配垂向分布的不均匀性，水流从上游携带的泥沙量也是时刻变化的，当流量变化幅度较大时对冲刷坑深度的变化会造成影响，表现为在整个流量过程中，冲刷坑深度可能会出现多个拐点(工况 M3、M5、M7)，整个床面抗冲刷能力是一个不断变化的动态过程。当流量过程峰型为单峰且峰值较大时，此时冲刷坑深度发展最快，当流量过程峰型为多峰时，前两个较大的洪峰流量(有效洪水周期)前后冲刷坑深度发展最快，随后冲刷坑深度趋于稳定。

由图 7-23 可以看出，坝长大、挑角小(正挑)时，坝头冲刷坑深度较大，这与坝头冲刷坑长度与宽度的变化规律不尽一致，这是由于坝头冲刷深度取决于坝头附近的流速及其下游卡门漩涡的尺度及能量。由第 5 章的分析可知，坝长大、挑角小时坝头附近流速较大，冲刷坑内紊动强度也较大，所以其冲刷深度较大。

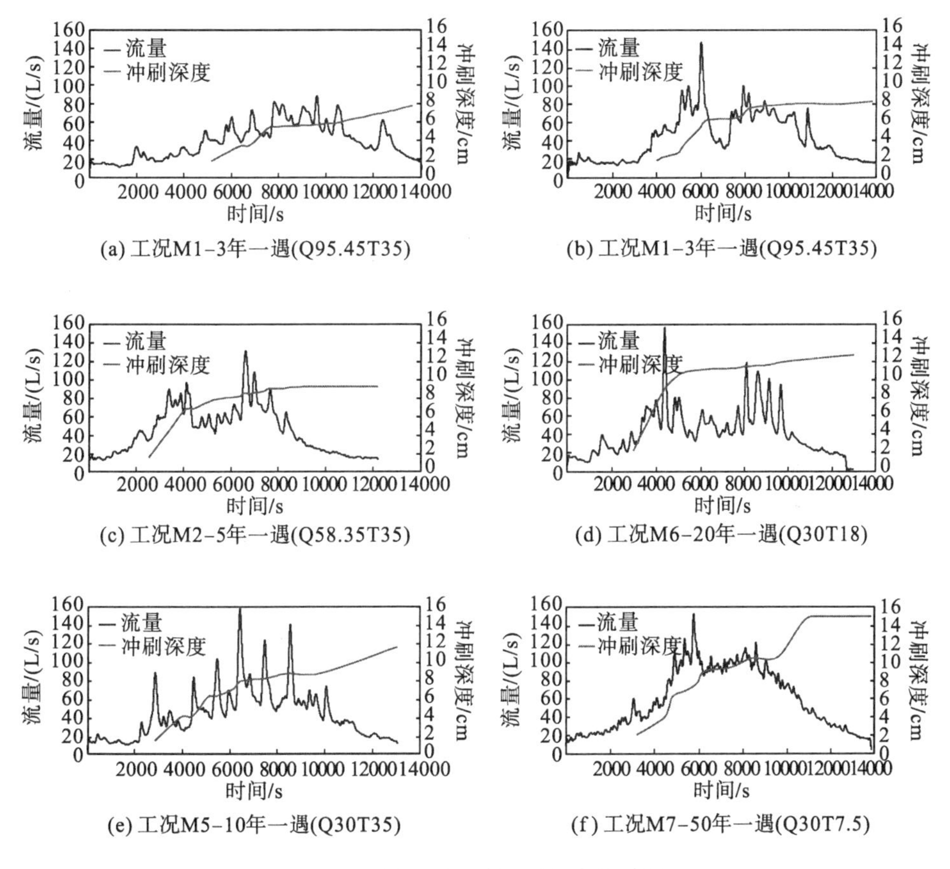


图 7-22　冲刷坑深度随时间变化过程

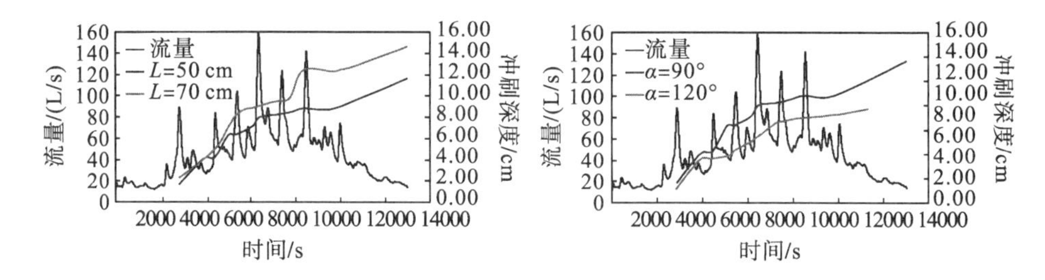


图 7-23 坝长或挑角不同时冲刷深度变化

## 7.3 非恒定流作用下丁坝局部冲刷机理

丁坝的存在使丁坝附近的水流流速场和压力场都随之发生改变，水流的非恒定性越强这种变化越剧烈，流速场和压力场都随着洪水涨落过程不断变化，造成丁坝周围床面泥沙颗粒所受上举力和拖曳力也在不断变化，而坝头附近的卡门涡造成水面形成负压区，致使床沙易于起动。这样在流量不断的变化过程中，当行进水流遇丁坝受阻后，水流在重力作用下动能转变为势能，一部分水流被迫向坝头绕流而下，另一部分水流则指向床面后而流向下游。坝前水位壅高，在丁坝迎水面河道断面上出现水面横比降，同时坝前水流还受离心力作用产生加速度，在一个垂直面上的所有水质点都受到横向压力梯度作用。坝前一单元水柱两侧的动水压力分布如图 7-24 (a)所示，因纵向行进水流在铅垂线上的流速分布是自水面向河底逐渐减小，如图 7-24 (b)所示，由于横向水面坡度所引起的压强差$\gamma J_r$沿垂线分布是不变的，与离心力叠加合成后的分布如图 7-24(c)所示，当离心力与压强差$\gamma J_r$平衡时，该点的合力为 0。该点以上各质点，离心力大于压强差，合力指向河心，成为流向河心的横向水流；同理，在该点以下各质点，离心力小于压强差，合力指向丁坝所在岸，成为流向坝根的横向水流，沿垂线的横向水流分布如图 7-24(d)所示。

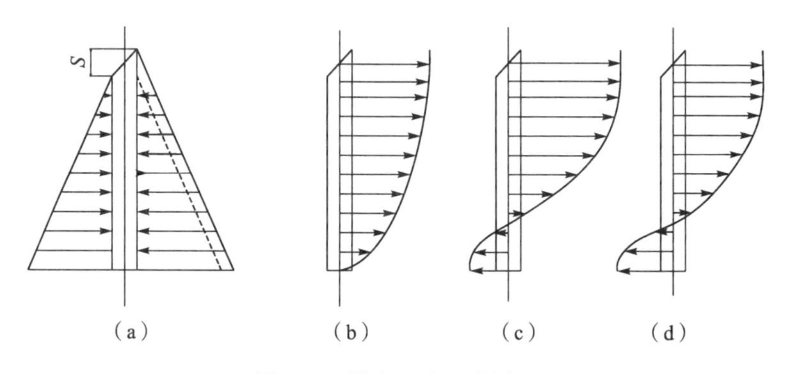


图 7-24 横向环流形成原理

丁坝限制了河流断面，并且很明显地影响其附近的水流运动结构(如图 7-25 所示)，引起平均流速和单宽流量增大。坝头平均流速的增加导致了流速梯度的增大和更为激烈的大尺度紊动的发生，底部流速的增大和可动床沙上大漩涡的扰动是造成丁坝附近冲刷的主要原因。试验发现，丁坝坝身前部水平轴向常有一股较大的半马蹄涡形漩涡产生，使坝前水位壅高，底部水流以逆时针方向旋转，由坝头流向主流。沿丁坝头部下游的水流分离线，存在有竖轴环流(卡门涡)，这个环流是由主流与尾流中的固定回流之间的切力层旋转产生的。这种漩涡有一点像龙卷风，将泥沙吸入其低压中心，这种作用被认为是丁坝下游冲刷的主要原因之一。

坝头附近的卡门涡致使丁坝冲刷坑逐渐形成，冲刷坑形成的过程中，丁坝周围的水流结构也发生变化。当前两个流量较大的洪水来临时，坝头卡门涡能量较大，冲刷坑发展较快，此后冲刷坑发展速率有所减小，在最大洪峰流量前后冲刷坑进入一个快速发展期，冲刷坑基本形成。

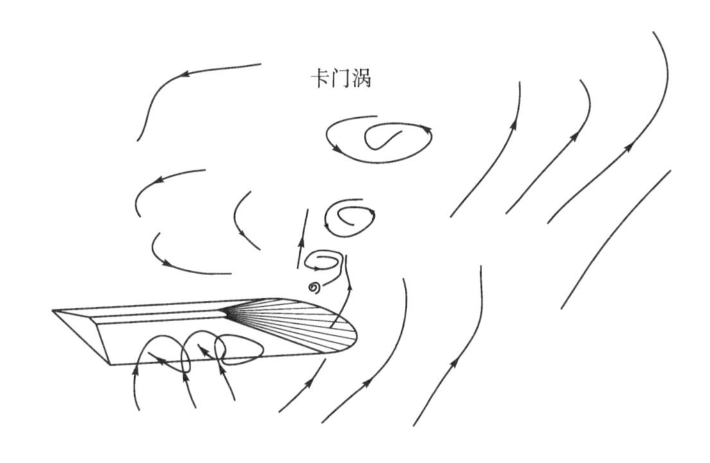


图 7-25　丁坝附近水流结构图

## 7.4　非恒定流作用下山区河流散抛石坝冲刷坑深度计算公式

### 7.4.1　丁坝冲刷坑的影响因素

通常情况下，认为非恒定流过程作用下影响丁坝冲刷坑形成的水力要素主要包括洪峰流量、流量变率、洪水总量及洪水作用时间等。下面针对上述因素分析其对丁坝冲刷坑的影响程度。

图 7-26 表示各影响因素与冲刷深度之间的关系，其中冲刷深度为一个流量过程作用下最终的冲刷深度，从中可以看出洪峰流量、洪水总量和有效洪水周期个数与冲刷深度具有较好的线性关系；而流量变率与冲刷深度之间的相关性不明显，表现为流量变率大时，冲刷深度不一定就大，流量变率较大只能说明其在某一短时间段对河床作用能力较强，而此处的冲刷深度是过程冲刷而不是瞬时冲刷。

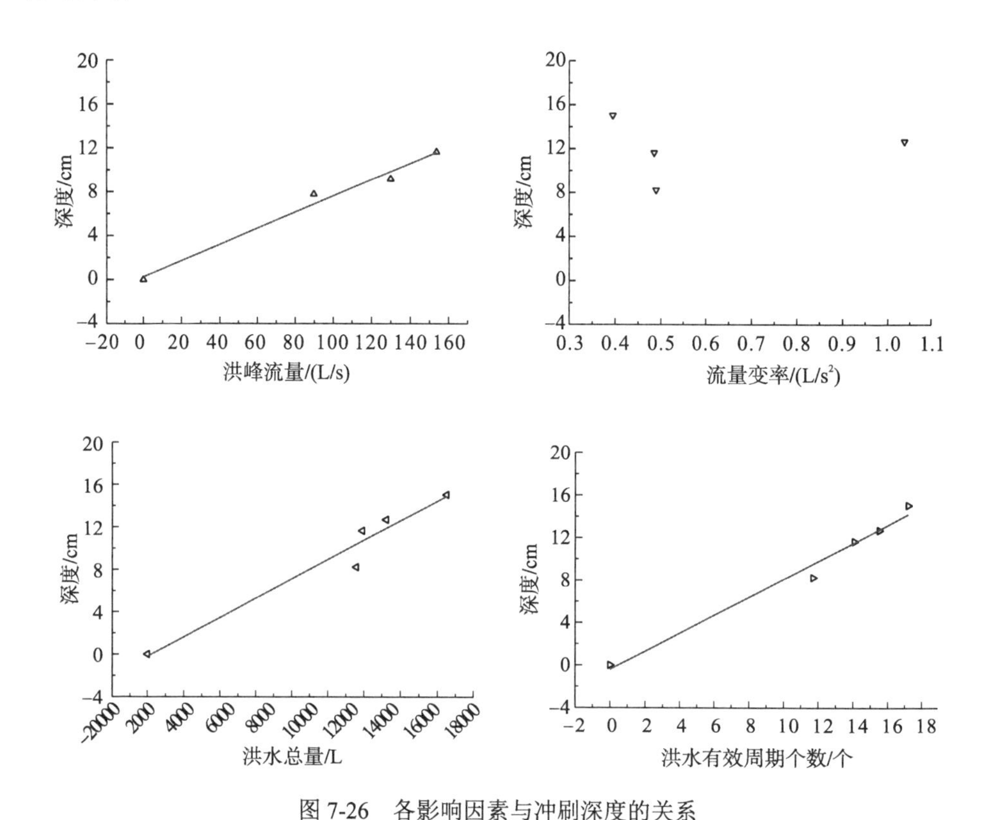


图 7-26　各影响因素与冲刷深度的关系

由图 7-27 和图 7-28 可以看出，年洪水总量与最大洪峰流量及有效洪水周期均有较好的一致性，因此年有效洪水总量可以由年最大洪峰流量及有效洪水周期个数来反映。图 7-29 反映出年有效洪水时间与有效洪水周期个数之间的关系，这两者之间也具有较高的一致性。因此，其他边界条件(泥沙、坝体特性)相同时，丁坝冲刷坑深度主要取决于洪峰流量与有效洪水时间。

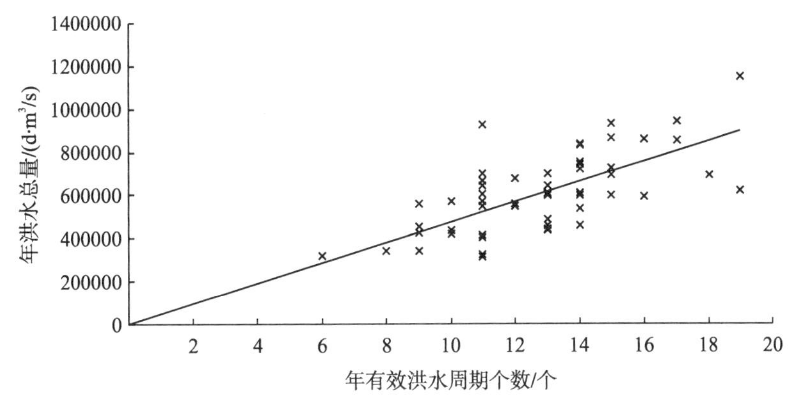


图 7-27　年洪水总量与有效洪水周期个数之间的关系

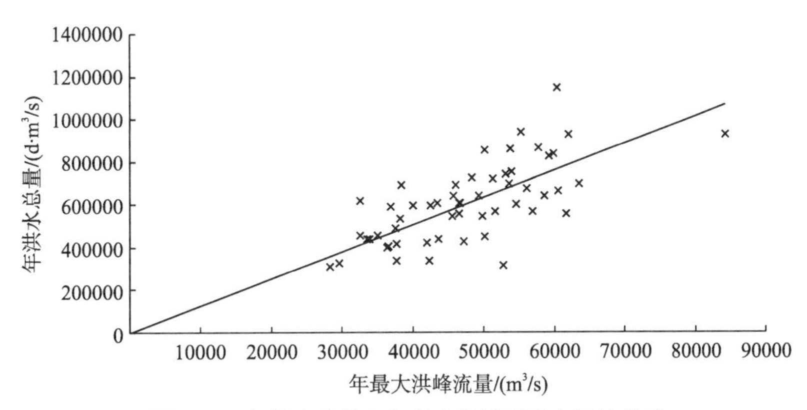


图 7-28　年洪水总量与年最大洪峰流量之间的关系

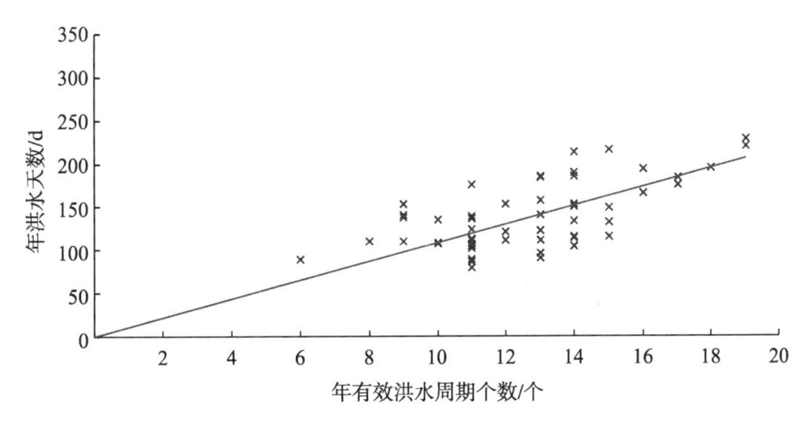


图 7-29　年洪水天数与有效洪水周期个数之间的关系

### 7.4.2　山区河流散抛石坝冲刷坑深度计算公式

通过对国内外关于丁坝局部冲刷研究成果的分析，表明丁坝的坝头冲刷与水流条件、泥沙条件、丁坝本身的性质和三者之间的相互关系(如挑流角度)等有关，有的学者认为它还与作用时间有关(王平义等，2004)，即丁坝的冲刷深度：

$$h_s = f\left(\text{水流特性，泥沙特性，坝体特性，作用时间}\right)$$

采用量纲分析方法来研究山区河流散抛石坝冲刷坑深度计算公式，根据前面对冲刷坑影响因素的分析，列出影响丁坝冲刷坑深度的因素如下。

描述来流条件的因素：行进流速$U_0$，水深$H_0$；

描述来流性质的因素：水的容重$\gamma$，水的动力黏度$\mu$，重力加速度$g$；

描述丁坝及其与河床相对位置的因素、河宽$B$，丁坝长度$b_0$，丁坝高度$h$，丁坝挑角$\alpha$，丁坝坝头型式；

描述泥沙特性的因素：中值粒径$d$，标准偏差$\sigma$，水中容重差$\Delta\gamma_s$；

描述作用时间的因素：水流对坝体及河床的有效作用时间$t$。

因此，丁坝坝头冲刷坑深度的表达式为

$$h_s = f\left(B, b_0, \alpha, U_0, H_0, \gamma, g, \mu, d, \Delta\gamma_s, \sigma, t\right) \tag{7-1}$$

由前述研究可知，坝头冲刷坑深度与来流过程最大洪峰流量、洪水有效周期个数(有效洪水时间)等水流条件密切相关，行进流速$U_0$、水深$H_0$等水流条件可以用最大洪峰流量$Q$来体现，因为对于天然河流来说，流量和水深、流速具有较好的线性关系；由于试验使用流体与天然河道水流性质相同，因此忽略描述流体动力黏性的变量；泥沙特性对冲刷坑深度的影响用泥沙中值粒径来体现。故式(7-1)可改写为

$$h_s = f\left(B, b_0, Q, \alpha, g, d, t\right) \tag{7-2}$$

将式(7-2)两边进行无量纲化处理，可得

$$\frac{h_s}{h} = f\left(\frac{b_0}{B}, \frac{h}{d}, \frac{Q_{\max}}{Q_0}, \frac{T}{T_0}, \alpha\right) \tag{7-3}$$

式中，$\frac{b_0}{B}$表示一定丁坝阻水程度的影响；$\frac{h}{d}$表示坝体高度及泥沙性质的影响；$\frac{Q_{\max}}{Q_0}$表示最大洪峰流量的影响，$Q_0$为洪水基础流量，取 5000m$^3$/s；$\frac{T}{T_0}$表示洪水有效周期个数(有效洪水累计时间)的影响，$T$为某一流量过程有效洪水累计时间，$T_0$为该流量过程总时间，工程应用中一般关心的是一个水文年的持续作用，这里取 365 天；$\alpha$表示挑角的影响，丁坝正交时挑角影响系数视为 1，非正交时通过前期研究成果对其进行修正。

丁坝正交时，将式(7-3)改写成指数形式为

$$\frac{h_s}{h} = k_1\left(\frac{b_0}{B}\right)^{k_2}\left(\frac{h}{d}\right)^{k_3}\left(\frac{Q_{\max}}{Q_0}\right)^{k_4}\left(\frac{T}{T_0}\right)^{k_5} \tag{7-4}$$

式中，$k_1$ 为常数；$k_2$、$k_3$、$k_4$、$k_5$ 为指数。

下面通过王平义和高桂景(2006)的试验数据资料分别对影响丁坝冲刷坑的坝头结构形式(直头与勾头)和平面布置形式(挑角)等因素进行分析和计算。

### 1. 坝头形式系数

坝头形式对坝头附近的流速和水位都有明显影响，进而影响冲刷坑的范围和深度。图 7-30 给出了不同坝头形式(直头与勾头)的丁坝冲刷深度的相关关系图，从中可以明显地看出，直头坝的冲刷深度较勾头坝大，且两者之间具有较好的线性关系，如直头坝冲坑深度影响系数为 1，则勾头坝冲坑深度影响系数为 0.679。

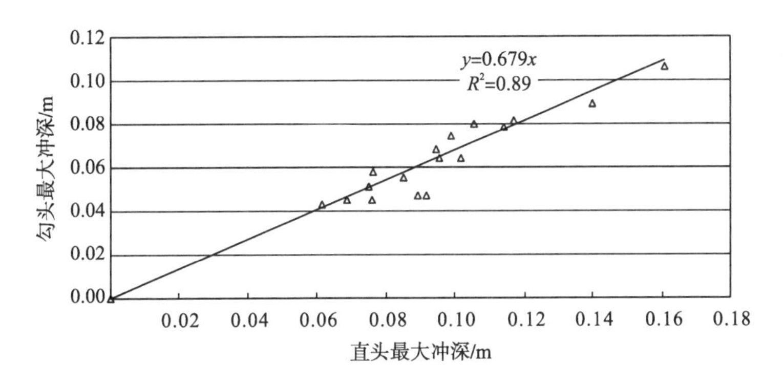


图 7-30　直头与勾头最大冲深关系

### 2. 丁坝挑角系数

结合以前所做试验资料，将不同挑角的丁坝平衡冲刷试验资料点绘在图 7-31 中，经分析可得关系式(7-5)。

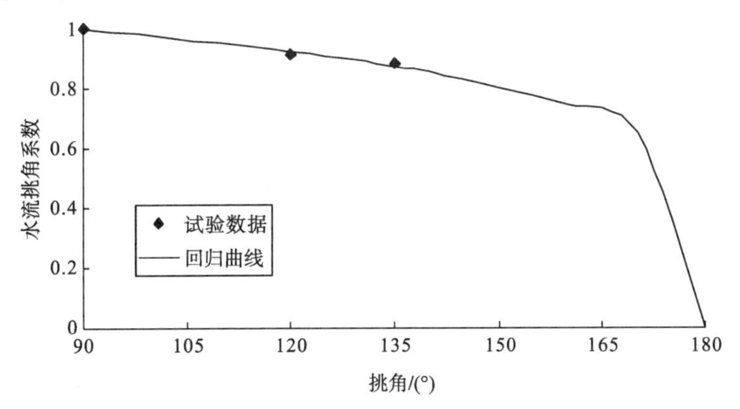


图 7-31　水流挑角系数和丁坝挑角关系图

$$C_{\alpha} = \left( \frac{180 - \alpha}{90} \right)^{0.2} \tag{7-5}$$

式中，$C_{\alpha}$为丁坝冲深挑角系数；$\alpha$为丁坝的挑角，下挑时$\alpha$>90°。

对表 7-2 中的试验数据，利用最小二乘法对式(7-4)进行多元线性回归，显著性水平取 0.05，得到各系数分别为$k_1 = 0.026$，$k_2 = 0.988$，$k_3 = 1.115$，$k_4 = 0.598$，$k_5 = 1.671$。

**表 7-2 丁坝冲刷坑公式回归分析试验数据**

| 工况 | $h_s$/cm | $b$/cm | $d$/mm | $Q$/(L/s) | $t$/s | $h_s/h$ | $b/B$ | $h/d$ | $Q_{max}/Q_{min}$ | $T/T_0$ |
|---|---|---|---|---|---|---|---|---|---|---|
| M1 | 7.79 | 50 | 1 | 89.79 | 8254.25 | 77.87 | 0.25 | 100 | 6.149 | 0.419 |
| M2 | 9.18 | 50 | 1 | 129.94 | 8254.25 | 91.75 | 0.25 | 100 | 8.898 | 0.419 |
| M3 | 8.24 | 50 | 1 | 153.76 | 6869.74 | 82.35 | 0.25 | 100 | 10.530 | 0.349 |
| M4 | 8.61 | 50 | 1 | 140.31 | 7849.46 | 86.14 | 0.25 | 100 | 9.608 | 0.398 |
| M5 | 11.66 | 50 | 1 | 153.76 | 8254.25 | 116.64 | 0.25 | 100 | 10.530 | 0.419 |
| M6 | 12.70 | 50 | 1 | 153.76 | 9104.90 | 127.00 | 0.25 | 100 | 10.530 | 0.462 |
| M7 | 15.05 | 50 | 1 | 153.76 | 10102.22 | 150.51 | 0.25 | 100 | 10.530 | 0.513 |
| M8 | 14.66 | 70 | 1 | 153.76 | 8254.25 | 146.62 | 0.35 | 100 | 10.530 | 0.419 |
| M9 | 7.87 | 50 | 1 | 153.76 | 8254.25 | 78.73 | 0.25 | 100 | 10.530 | 0.419 |
| M12 | 9.92 | 50 | 1.5 | 153.76 | 9104.90 | 99.20 | 0.25 | 66.67 | 10.530 | 0.462 |
| M13 | 7.65 | 50 | 1.5 | 153.76 | 8254.25 | 76.50 | 0.25 | 66.67 | 10.530 | 0.419 |
| M16 | 4.62 | 50 | 2 | 153.76 | 9104.90 | 46.20 | 0.25 | 50 | 10.530 | 0.462 |

对回归结果进行$F$检验来判定其效果，$F$显著性统计量的$P$值为 0.0104，小于显著性水平 0.05，因此，该回归方程回归效果显著。回归结果方差分析见表 7-3，从中可以看出$P$值小于预期显著性水平的变量为$\frac{h}{d}$和$\frac{T}{T_0}$，表明泥沙粒径和有效洪水周期个数(有效洪水累计时间)相关性很高，这与 7.2 节分析结果一致。变量$\frac{Q_{max}}{Q_0}$对应的$P$值大于预期显著性水平，进一步说明过程冲刷主要影响因素为有效洪水累计时间。图 7-26 表明最大洪峰流量与冲刷深度相关性较好是由于洪峰流量本身与有效洪水周期个数之间具有较高的一致性。

**表 7-3 回归结果方差分析**

| 变量 | 回归系数 | 标准误差 | $P$ |
|---|---|---|---|
| 常数项 | 0.026 | 1.877 | 0.092 |

续表

| 变量 | 回归系数 | 标准误差 | $P$ |
|---|---|---|---|
| $\frac{b_0}{B}$ | 0.988 | 0.569 | 0.126 |
| $\frac{h}{d}$ | 1.115 | 0.247 | 0.003 |
| $\frac{Q_{max}}{Q_0}$ | 0.598 | 0.358 | 0.138 |
| $\frac{T}{T_0}$ | 1.671 | 0.591 | 0.025 |

因此，非恒定流作用下的山区河流散抛石丁坝冲刷坑深度计算公式为

$$\frac{h_s}{h}=0.026\varepsilon C_\alpha\left(\frac{b_0}{B}\right)^{0.988}\left(\frac{h}{d}\right)^{1.115}\left(\frac{Q_{\max}}{Q_0}\right)^{0.598}\left(\frac{T}{T_0}\right)^{1.671} \tag{7-6}$$

其中，$\varepsilon$为坝头型式系数，直头丁坝$\varepsilon$=1，勾头丁坝$\varepsilon$=0.679；$C_\alpha$为丁坝挑角系数，$C_\alpha=\left(\frac{180-\alpha}{90}\right)^{0.2}$。

根据上面拟合回归分析得出的系数，计算出对应试验中各工况时丁坝下游最大冲刷深度，并和试验实测值进行比较，如图 7-32 所示。从图 7-32 可见，各点均匀分布在两侧，计算值与试验值吻合较好。

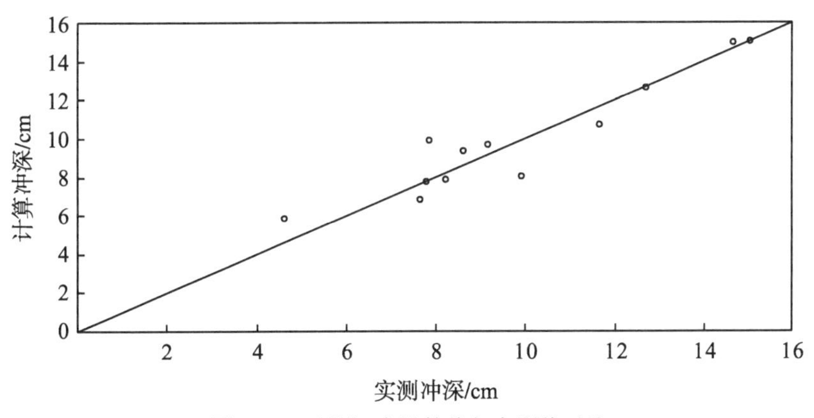


图 7-32　冲刷深度计算值与实测值对比

### 7.4.3　丁坝冲刷坑计算实例

为了验证 7.4.2 节冲刷坑计算公式，采用长江上游金钟碛航道整治丁坝周围实

测地形资料对式(7-6)丁坝冲刷坑深度计算公式进行检验。

金钟碛上丁坝长度为270m、高度为5m，河宽约为680m，河床质中值粒径为81mm。该河段位于长江与沱江汇合口上游，实测2007年4月1日至9月30日期间上丁坝冲刷最大深度约为1.2m。2007年汇合口上游长江与沱江流量过程见图7-33，沱江流量相对长江流量要小很多，年平均流量只相当于长江年平均流量的3.9%，因此在计算丁坝冲刷深度时不考虑沱江的影响。

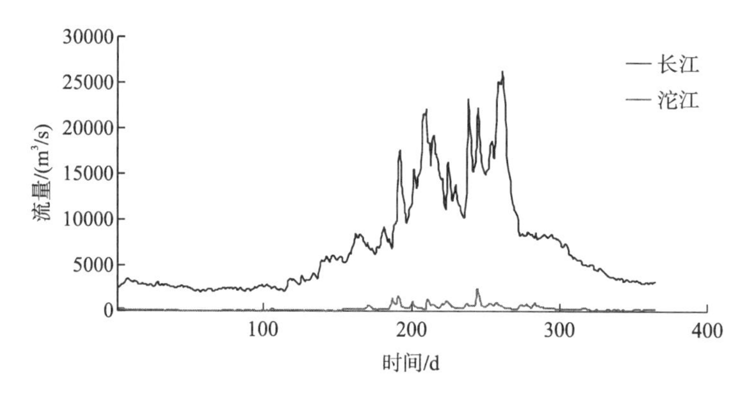


图7-33 2007年金钟碛滩长江与沱江流量过程

统计2007年长江与沱江汇合口上游流量过程，可知年最大洪峰流量为26360 $m^3/s$，有效洪水作用时间为98天，基础流量取5000$m^3/s$，计算丁坝冲刷深度为1.55m，见表7-4。

**表7-4 计算冲刷坑深度数据表**

| 丁坝 | $b$/m | $d$/mm | $Q$/($m^3$/s) | $t$/$d$ | $b$/$B$ | $h$/$d$ | $Q_{max}/Q_{min}$ | $T$/$T_0$ | $h_s$/cm |
|---|---|---|---|---|---|---|---|---|---|
| 金钟碛上丁坝 | 270 | 81 | 26360 | 98 | 0.4 | 61.72 | 5.27 | 0.268 | 1.55 |

由表7-4可知，根据式(7-6)计算冲刷坑深度较实测冲刷坑深度稍大，这是由于实测数据为2007年4月1日至9月30日期间测得的，没有包括非汛期的冲刷深度，实际上在非汛期的退水过程中，丁坝冲刷坑仍在不断发展，只是这一阶段发展较慢。因此计算值比实测值偏大是合理的，说明式(7-6)具有较高的计算精度，可以用于工程实际。

## 7.5 小 结

(1)坝头块石从迎水面靠近河床表面处开始发生运动，当流速达到某一临界值时，向河坡靠上游侧块石开始向下游运动；随着洪水持续或间断冲刷的不断进行，由于底部基础不稳，导致坡面上的块石不断滚落至坡脚，造成坝头大面积水毁；当最大洪峰过坝时，坝头水毁迅速，短时间内坝头基本全部水毁；最大洪峰过后，冲刷总体趋于稳定。

(2) 丁坝处于非淹没状态时，坝身块石基本处于静止状态。水流由未翻坝至翻坝时，短时间内丁坝上下游水位落差较大，对背水坡及坝下游床面的冲刷力度最强，坝顶靠下游一侧块石大面积滑动至背水坡；随着冲刷强度的增大和冲刷历时的延长，坝身横断面由原来的梯形断面逐渐被洪水冲蚀成弧线形断面，局部透水率较大的区域，在翻坝下潜水流和内部紊动水流的综合作用下，造成坝顶局部区域出现凹陷和坍塌现象，形成坝顶冲刷坑。

(3) 进入冲刷坑内的一部分块石沿着冲刷坑上游边坡滚入坑底，一部分块石在运动到一定阶段后停留在冲刷坑边坡上；散落块石在运移至冲刷坑底部时，一部分沿着冲刷坑下游边坡攀爬至冲刷坑下游淤积体，随着与卡门涡中心距离增大，大粒径块石停留在此处，另一部分小粒径块石在水流的带动下继续向下游行进直至滑落到淤积体边缘；部分停留在冲刷坑内的块石，其边缘泥沙颗粒在漩涡作用下不断被带起并冲至下游形成淤积体，造成其在自身重力作用下逐渐下沉并被冲刷坑内泥沙包围或覆盖。

(4) 洪峰流量及坝长越大坝体水毁体积越大；年有效洪水周期个数越多并不能表明坝体损毁体积也越多，坝体损毁也与流量过程的峰型有关；正挑丁坝损毁体积明显大于下挑丁坝；坝头型式不同时，坝头损毁体积由小到大依次为扇形勾头、圆弧形勾头、圆弧形直头；床沙中值粒径越大坝体损毁体积越小。

(5) 年最大洪峰流量与半月最大洪量遭遇时，对于同样重现期的洪水过程，洪峰流量对冲刷深度起主导作用，洪水总量对坝头冲刷坑范围起主导作用；年最大洪峰流量与洪水有效周期遭遇时，对于同样重现期的洪水过程，洪水有效周期个数对冲刷坑范围及冲刷深度均起主导作用；非恒定流作用下丁坝冲刷坑的范围，不是随着时间的推移而逐渐增大的，与流量过程的非恒定性及有效洪水作用时间有关。

(6) 流量的大小及流量的变化幅度对冲刷坑长度和宽度的变率会有不同的影响，表现为全过程流量较小时冲刷坑范围增大较缓慢，全过程流量较大时冲刷坑范围增大较迅速；冲刷坑范围发展最快的时刻出现在前两个较大的洪峰流量前后；坝长较长时各时刻坝头冲刷坑的长度均较大，冲刷坑的宽度在冲刷初期较大，但在冲刷后期反而较小；挑角较大时冲刷宽度较小，冲刷长度与挑角大小关系不大；坝长大、挑角小(正挑)时，坝头冲刷坑深度较大；非恒定流作用下，在整个流量过程中，冲刷坑深度可能会出现多个拐点，整个床面抗冲刷能力是一个不断变化的动态过程。

(7)丁坝附近的水流流速场和压力场随着洪水涨落过程不断变化，造成丁坝周围床面泥沙颗粒所受上举力和拖曳力也在不断变化，使得丁坝附近流速及压力梯度较大，而坝头附近的卡门涡造成水面形成负压区，致使床沙易于起动，在这些因素综合作用的影响下造成了丁坝的局部冲刷。

(8)洪峰流量、洪水总量与有效洪水周期个数与冲刷深度具有较好的线性关系，而流量变率与冲刷深度之间的相关性不明显；丁坝冲刷坑深度主要取决的水文要素为洪峰流量与有效洪水时间；通过无量纲分析，建立了坝头冲深与丁坝长度和高度、河宽、最大洪峰流量、有效洪水累计时间、坝头型式系数和挑角之间的关系，并通过多元回归分析得到了非恒定流条件下山区河流散抛石丁坝冲刷坑深度的计算公式，将公式应用于长江上游金钟碛滩丁坝冲刷深度的计算，结果表明该公式具有较高的计算精度，可以用于工程实际。

# 参 考 文 献


陈海军，徐长节，蔡袁强，等，2007. 涌潮冲击排桩式丁坝的数值模拟[J]. 浙江大学学报(工学版)，41(1)：171-175.

陈文江，庄建新，2003. 单排桩式丁坝的优点及施工[J]. 浙江水利科技，(1)：60-61.

陈小莉，马吉明，2005. 受漩涡作用的水下块石的起动流速[J]. 清华大学学报：自然科学版，45(3)：315-318.

程永光，索丽生，2003. 二维明渠非恒定流的格子 Boltzmann 模拟[J]. 水科学进展，(1)：9-14.

程永舟，周援衡，2000. 群坝局部冲深计算试验研究[J]. 水道港口，(4)：19-22.

崔占峰，张小峰，2006. 三维紊流模型在丁坝中的应用[J]. 武汉大学学报：工学版，39(1)：15-20.

崔占峰，张小峰，冯小香，2008. 丁坝冲刷的三维紊流模拟研究[J]. 水动力学研究与进展(A 辑)，23(1：33-41.

戴昌军，2005. 多维联合分布计算理论在南水北调东线丰枯遭遇分析中的应用研究[D]. 南京：河海大学.

戴昌军，梁忠民，2006. 多维联合分布计算方法及其在水文中的应用[J]. 水利学报，37(2)：160-165.

窦希萍，王向明，娄斌，2005. 潮流波浪作用下丁坝坝头概化模型的冲刷试验[J]. 水利水运工程学报，(1)：28-33.

方达宪，2006. 丁坝基础冲刷机理和防护措施[J]. 合肥工业大学学报(自然科学版)，(11)：1436-1439.

方达宪，王军，1992. 丁坝坝头床沙起冲流速及局部最大冲深计算模式的探讨[J]. 泥沙研究，(04)：77-84.

冯红春，刘景国，2002. 非潜没透水丁坝冲刷深度计算公式初探[J]. 中国农村水利水电，(5)：46-48.

冯平，毛慧慧，王勇，2009. 多变量情况下的水文频率分析方法及其应用[J]. 水利学报，(1)：33-37.

高桂景，2006. 丁坝水力特性及冲刷机理研究[D]. 重庆：重庆交通大学.

高桂景，王平义，杨成渝，2007. 丁坝附近水流动能分布研究[J]. 水运工程，(11)：75-79.

高先刚，刘焕芳，何春光，等，2009. 透水丁坝收缩断面与冲深计算[J]. 人民长江，40(17)：64-65.

葛跃明，岳凯辉，许义庭，2006. 沿河公路弯道冲刷防护中丁坝的试验研究[J]. 建筑技术开发，33(7)：53-154.

郭生练，闫宝伟，肖义，2008. Copula 函数在多变量水文分析计算中的应用及研究进展[J]. 水文，28(3)：1-7.

何春光，刘焕芳，周银军，2007. 透水丁坝冲刷特性的试验研究[J]. 水运工程，(12)：94-96.

何少苓，陆吉康，1998. 三维动边界破开算子法不恒定流模拟研究[J]. 水利学报，(8)：9-14.

侯芸芸，宋松柏，2010. 基于 Copula 函数的洪峰洪量联合分布研究[J]. 人民黄河，32(11)：39-41.

胡江，杨胜发，周华君，2009. 光滑明渠非恒定流传播速度实验研究[J]. 水运工程，(3)：15-17.

黄文典，李嘉，李志勤，2005. 淹没丁坝平面二维水流数值模拟研究[J]. 四川大学学报(工程科学版)，37(1)：19-23.

黄志才，吴国雄，程尊兰，2004. 丁坝局部冲刷深度的计算[J]. 水利与建筑工程学报，2(2)：13-15.

蒋昌波，吕昕，杨宜章，1999. 丁坝绕流的二维大涡数值模拟[J]. 长沙交通学院学报，15(3)：68-72.

交通部，1999. 航道整治工程技术规范 JTJ312-99[S]. 北京：人民交通出版社.

李洪，2003. 丁坝水力学特性研究[D]. 成都：四川大学.

李宁，顾卫，史培军，2005. 沙尘暴评估中土壤含水量概率分布模型研究——以内蒙古中西部地区为例[J]. 自然灾害学报，14(2)：10-15.

李中伟，余明辉，段文忠，等，2000. 丁坝附近局部流场的数值模拟[J]. 武汉水利电力大学学报，33(3)：18-22.

Lim S Y，Chiew Y M，1994. 泥沙级配对丁坝附近冲刷的影响[J]. 人民长江，(1)：35-40.

林炳尧，黄世昌，1996. 丁坝坝头冲刷坑的终极深度及其过程[J]. 河口与海岸工程，(1)：32-38.

林发永，2003. 崇明岛丁坝坝头冲刷防护对策初探[J]. 浙江水利科技，(2)：27-29.

林发永，2004. 丁坝坝身侧冲刷坑控制与治理工程措施初探[J]. 人民长江，35(2)：29-31.

林秀维，陈阳，1998. Prandtl 混合长紊流模型模拟丁坝绕流[J]. 水道港口，(2)：47-49.

凌建明，官盛飞，赵鸿铎，等，2006. 绕流丁坝附近流场数值分析[J]. 公路交通科技，23(11)：10-14.

刘春晶，曲兆松，李丹勋，等，2006. 明渠非恒定流推移质输沙试验研究[J]. 水力发电学报，(4)：31-37.

卢无疆，贾建军，朱勇，等，2001. 长江口深水航道整治一期工程南导堤丁坝群坝头局部冲刷试验研究[J]. 海洋工程，19(2)：29-33.

罗纯，王筑娟，2005. Gumbel 分布参数估计及在水位资料分析中应用[J]. 应用概率统计，21(2)：169-175.

雒文生，宋星原，2010. 工程水文及水利计算[M]. 北京：中国水利水电出版社.

吕江，祝梅良，翟洪刚，2005. 涌潮冲击丁坝的数值计算[J]. 海岸工程，24(1)：1-8.

马爱兴，2012. 水库下泄非恒定水沙过程对砂卵石运动的作用机制研究[D]. 南京：南京水利科学研究院.

马永军，2003. 丁坝回流尺度控制方法和减少回流淤积的实验研究[D]. 北京：清华大学.

毛佩郁，段祥宝，2001. 丁坝头冲深和堵口抛石大小的计算[J]. 水利水运工程学报，(2)：46-50.

潘军峰，冯民权，郑邦民，等，2005. 丁坝绕流及局部冲刷坑二维数值模拟[J]. 四川大学学报(工程科学版)，37(1)：15-18.

彭静，河源能久，玉井信行，2003. 线性与非线性紊流模型及其在丁坝绕流中的应用[J]. 水动力学研究与进展(A辑)，18(5)：589-594.

彭静，玉井信行，河源能久，2002. 丁坝坝头冲淤的三维数值模拟[J]. 泥沙研究，(1)：25-29.

邱大洪，2004. 工程水文学[M]. 北京：人民交通出版社.

冉啟香，张翔，2010. 多变量水文联合分布方法及 Copula 函数的应用研究[J]. 水电能源科学，28(9)：8-11.

荣学文，2003. 丁坝的水毁机理及其平面二维水流数值模拟[D]. 重庆：重庆交通学院.

沈波，1997. 丁坝局部冲刷的平面二维数学模型[J]. 西安公路交通大学学报，17(3)：31-36.

沈波，1997. 丁坝局部冲刷坑形成机理和最大冲深的确定[J]. 公路，(1)：9-12.

沈焕荣，陈其慧，2001. 丁坝局部冲刷深度计算问题探讨[J]. 四川大学学报：工程科学版，33(2)：5-8.

苏德慧，1993. 丁坝冲刷过程试验研究[J]. 水动力学研究与进展(A辑)，(S1)：631-635.

苏伟，2013. 长江上游丁坝冲刷机理及维护措施研究[D]. 重庆：重庆交通大学.

苏伟，王平义，喻涛，2012. 不同结构形式丁坝水毁过程分析[J]. 水运工程，(11)：118-123.

唐邦兴，1995. 四川省自然灾害及减灾对策[M]. 成都：电子科技大学出版社.

唐洪武，唐立模，陈红，2009. 现代流动测试技术[M]. 北京：科学出版社.

唐银安，吴安江，1997. 山区冲积性河流整治建筑物水毁原因及防治初探[J]. 水运工程，(4)：37-40.

汪德胜，1988. 漫水丁坝局部冲刷的研究[J]. 水动力学研究与进展，(2)：60-69.

王军，1998. 丁坝冲深极限值的探讨[J]. 合肥工业大学学报：自然科学版，21(4)：96-99.

王军，1999. 丁坝局部冲深计算的理论探讨[J]. 合肥工业大学学报：自然科学版，22(4)：81-84.

王军，2002. 丁坝浑水冲刷试验研究[J]. 合肥工业大学学报：自然科学版，25(6)：1184-1186.

王玲，易瑜，2003. 长江上游寸滩水文站水沙变化分析[J]. 水利水电快报，(1)：14-15.

王梅力，陈秀万，王平义，等，2015. 长江上游边滩形态及与河道的关系[J].武汉大学学报(工学版)，(04)：466-470.

王梅力，陈秀万，王平义，等，2015.长江上游叙渝段弯道平面形态及碍航特征[J].水运工程，(06)：87-92.

王梅力，林孝松，王平义，2015. 山区通航河流整治建筑物水毁程度及技术状况评定[J].中国水运(下半月)，(05)：273-274,276.

王明进，1997. 四面六边透水框架保护丁坝矶头模型试验研究[J]. 江西水利科技，23(4)：191-193.

王平义，程昌华，荣学文，等，2004. 航道整治建筑物水毁理论及模拟技术[M]. 北京：人民交通出版社.

王平义，高桂景，2006. 长江中游航道整治丁坝稳定性关键技术研究报告[R]. 重庆：重庆交通大学.

王平义，高桂景，刘怀汉，2012. 丁坝周围床面受力的试验研究[J]. 水运工程，(3)：1-6.

王平义，李晶，刘怀汉，2009. 长江上游泸渝段航道整治建筑物水毁统计分析[D]. 重庆：重庆交通大学.

王平义，荣学文，程昌华，等，2001. 山区河流航道整治建筑物遭受异相耦合破坏作用的特征及仿真探讨[J]. 重庆交通学院学报，(S1)：109-111.

王平义，喻涛，2011. 长江上游航道整治建筑物水毁机理研究[R]. 重庆：重庆交通大学.

王先登，彭冬修，夏炜，2009. 丁坝坝体局部水流结构与水毁机理分析[J]. 中国水运(下半月)，9(9)：189-190.

吴宋仁，陈永宽，1993. 港口及航道工程模型试验[M]. 北京：人民交通出版社.

吴小明，谢宇峰，1996. 水工建筑物下游回流及底沙淤积研究[J]. 人民珠江，(6)：16-19.

吴学文，詹义正，2006. 非均匀河床上的丁坝局部冲刷问题[J]. 江西水利科技，32(3)：139-141.

吴桢样，吴建平，1994. 丁坝紊动场及其工程意义[J]. 郑州工学院学报，15(2)：22-27.

肖义，郭生练，熊立华，2007. 一种新的洪水过程随机模拟方法研究[J]. 四川大学学报：工程科学版，39(2)：55-60.

熊立华，郭生练，肖义，2005. Copula 联结函数在多变量水文频率分析中的应用[J]. 武汉大学学报：工学版，38(6)：16-19.

闫金波，张小峰，陶冶，等，2007. 非正交曲线坐标系平面二维丁坝绕流数值模拟研究[J]. 中国农村水利水电，(1)：107-110.

杨火其，吴德忠，王文杰，等，2002. 钱塘江河口护塘丁坝坝头异型块体的防冲特性[J]. 东海海洋，20(2)：6-13.

应强，1995. 淹没丁坝附近的水流流态[J]. 河海大学学报：自然科学版，23(4)：62-68.

应强，曹民雄，1999. 丁坝坝头冲刷坑深度的研究[J]. 南昌水专学报，18(1)：16-20.

应强，焦志斌，2004. 丁坝水力学[M]. 北京：海洋出版社.

于守兵，陈志昌，韩玉芳，2012. 非淹没丁坝端坡对附近水流结构的调整作用[J]. 水利水运工程学报，(3)：44-49.

喻涛，2009. 心滩守护前后水力特性研究[D]. 重庆：重庆交通大学.

詹义正，潘军峰，2002. 非淹没丁坝坝头冲刷深度的计算[J]. 武汉大学学报：工学版，35(4)：27-30.

张二骏，张东生，李挺，1982. 河网非恒定流的三级联合解法[J]. 华东水利学院学报，(1)：1-13.

张红武，汪家寅，1988. 黄河丁坝冲刷及根石走失的试验研究[A]//第四届中日河工坝工会议论文集[C]. 北京：中国环境科学出版社：32-38.

张华庆，曹艳敏，王建军，2008. 丁坝紊动特性试验研究[J]. 水道港口，29(3)：185-192.

张俊华，1998. 河道整治及堤防管理[M]. 郑州：黄河水利出版社.

张俊华，陈书奎，马怀宝，等，2006. 丁坝冲刷及整流桩防护措施研究[J]. 人民黄河，28(12)：12-13.

张玮，瞿凌锋，徐金环，2003. 山区河流散抛石坝水毁原因分析[J]. 水运工程，(4)：10-12.

张我华，方仲将，蔡袁强，2005. 防护丁坝抗冲刷失效安全可靠性分析[J]. 海洋工程，23(4)：39-46.

张秀芳，2012. 非恒定流作用下丁坝水毁试验研究[D]. 重庆：重庆交通大学.

张义青，杜小婷，1997. 丁坝的平衡冲刷及冲刷计算[J]. 西安公路交通大学学报，17(4)：56-59.

赵世强，1989. 丁坝的冲刷机理和局部冲刷计算[J]. 重庆交通学院学报，(1)：13-21.

赵渭军，严盛，宣伟丽，等，2005. 桩式丁坝护滩保塘效果研究[J]. 应用基础与工程科学学报，(S1)：38-47.

赵英林，1997. 洞庭湖洪水地区组成及遭遇分析[J]. 武汉水利电力大学学报，30(1)：36-39.

中国水利学会泥沙专业委员会，1992. 泥沙手册[M]. 北京：中国环境科学出版社.

周晓岚，2010. 河道一维非恒定流数值模拟深化研究[J]. 武汉大学学报：工学版，(4)：443-445.

周阳，郭维东，梁岳，2006. 非淹没丁坝附近的水流流态[J]. 中国农村水利水电，(7)：82-84.

周银军，陈立，桂波，等，2009. 正挑桩式丁坝壅水特性及其冲刷深度计算模式理论[J]. 四川大学学报：工程科学版，(2)：23-28.

周银军，刘焕芳，何春光，等，2008. 透水丁坝局部冲淤规律试验研究[J]. 水利水运工程学报，(1)：57-60.

宗绍利，吴宋仁，秦宗模，2007. 山区航道丁坝冲刷深度研究[J]. 水运工程，(3)：68-72.

Azinfar H, Kells J A, 2008. Backwater prediction due to the blockage caused by a Single, submerged spur dike in an open channel[J]. Journal of Hydraulic Engineering，134(8)：1153-1157.

Barkdoll B, Melville B, Ettema R, 2006. A Review of Bridge Abutment Scour Countermeasures[M]. Omaha: Conference Proceedings of World Water & Environmental Resources Congress.

Conaway J S，2005. Application of acoustic Doppler Current Profilers For Measuring Three-Dimensional Flow Fields And As A Surrogate Measurement Of Bedload Transport[M]. ASCE.

Duan J G，2006. Three-Dimensional Mean Flow and Turbulence Around a Spur Dike[M]. World Environmental and Water Resources Congress.

Duan J G, 2009. Mean flow and turbulence around a laboratory spur dike[J]. Journal of Hydraulic Engineering, 135(10)：803-811.

Duan J G，He L，2009. Comparison of Mean Flow and Turbulence around Experimental Spur Dike[M]. ASCE: 2977-2986.

Duan J, He L, Wang G Q, et al, 2011. Turbulent burst around experimental spur dike[J]. International Journal of Sediment Research，26(4)：471-486.

Ettema R，Muste M，2004. Scale effects in flume experiments on flow around a spur dike in flatbed channel[J]. Journal of Hydraulic Engineering，130(7)：635-646.

Giménez-Curto L A，Corniero，2012. Discussion of “evaluation of flow resistance in smooth rectangular open channels with modified prandtl friction law” by Nian-Sheng Cheng, Hoai Thanh Nguyen, Kuifeng Zhao, and Xiaonan Tang[J].

Journal of Hydraulic Engineering，138(3)：306-307.

Guo S L，1991. Nonparametric variable kernel estimation with historical floods paleoflood information[J]. Water Resources Research，27(1)：91-98.

Haque M A，2004. Local scour at sloped-wall spur-dike-like structures in alluvial rivers[J]. Journal of Hydraulic Engineering，130(1)：70-74.

Karami H，Ardeshir A，Saneie M，et al，2008. Reduction of Local Scouring with Protective Spur Dike[M]. Hawaii：World Environmental and Water Resources Congress.

Kelly K S，Krzystofowicz R，1997. A bivariate meta-Gaussian density for use in hydrology[J]. Stochastic Hydrology and Hydraulics，11(1)：17-31.

Kothyari U C，Hager W H，Oliveto G，2007. Generalized approach for clear-water scour at bridge foundation elements[J]. Journal of Hydraulic Engineering，133(11)：1229-1240.

Kuhnle R A，Alonso C V，Shields F D，1999. Geometry of scour holes associated with 90° spur dikes[J]. Journal of Hydraulic Engineering，125(9)：972-978.

Kuhnle R A，Alonso C V，Shields F，et al，2002. Local scour associated with angled spur dikes[J]. Journal of Hydraulic Engineering，128(12)：1087-1093.

Kuhnle R A，Jia Y，Alonso C V，2008. Measured and simulated flow near a submerged spur dike[J]. Journal of Hydraulic Engineering，134(7)：916-924.

Li H，Kuhnle R，Barkdoll B D，2005. Spur Dikes as an Abutment Scour Countermeasure[M]. Anchorage：World Water and Environmental Resources Congress.

Marshall A W，Olkin I，1988. Families of multivariate distribution[J]. Journal of the American Statistical Association，83(403)：834-841.

Masjedi A，Dehkordi V，Alinejadi M，et al，2010. Experimental Study on Scour Depth in Around a T-shape Spur Dike in a 180 Degree Bend[J]. Journal of American Science，6(10).

McCoy A，Constantinescu G，Weber L，2005. Coherent structures in a channel with groyne fields：a numerical investigation using LES[J]. World Water Congress(173)：400-416.

Molinas A，Hafez Y I，2000. Finite element surface model for flow around vertical wall abutments[J]. Journal of Fluids and Structures，14(5)：711-733.

Molinas A，Kheireldin K，Wu B，1998. Shear stress around vertical wall abutments[J]. Journal of Hydraulic Engineering，124(8)：822-830.

Molls T，Chaudhry M，1995. Depth-Averaged Open-Channel flow model[J]. Journal of Hydraulic Engineering，121(6)：453-465.

Muneta N，Shimizu Y，1994. Nuemrical anailsis model with spur-dikes considering the vertical flow velocity distribution[J]. Journal of Hydraulic，Coastal & Environmetal Engineering，JSCE，497(28)：31-39.

Nagata N，Hosoda T，Nakato T，et al，2005. Three-dimensional numerical model for flow and bed deformation around river hydraulic structures[J]. Journal of Hydraulic Engineering，131(12)：1074-1087.

Oliveto G，Hager W，2005. Further results to time-dependent local scour at bridge elements[J]. Journal of Hydraulic Engineering，131(2)：97-105.

Radspinner R R，Diplas P，Lightbody A F，et al，2010. River training and ecological enhancement potential using in-stream structures[J]. Journal of Hydraulic Engineering，136(12)：967-980.

Rodrigue-Gervais K，Biron P M，Lapointe M F，2011. Temporal development of scour holes around submerged stream deflectors[J]. Journal of Hydraulic Engineering，137(7)：781-785.

Schuster E，Yakow itz S，1985. Parametric nonparametric mixture density estimation and with application to flood-frequency analysis[J]. Water Resource Bulletin，21(5)：797-814.

Sharma K，Mohapatra P，2012. Separation zone in flow past a spur dyke on rigid bed meandering channel[J]. Journal of Hydraulic Engineering：343.

Shields F D，Thackston E L，1991. Designing treatment basin dimensions to reduce cost[J]. Journal of Environmental Engineering，117(3)：381-386.

Shuttleworth W J，2012. Terrestrial Hydrometeorology[M]. New Jersey：Wiley-Blackwell.

Singh K，Singh V P，1991. Derivation of bivariate probability density functions with exponential marginals[J]. Stochastic Hydrology and Hydraulics，5(1)：55-68.

Tung Y K，2000. Polynomial normal transforms in uncertainty analysis[A]//Melchers and Stewart. Applications of Statistics and Probability[C]. Rotterdam：Balkema，167-173.

Vaghefi M，Ghodsian M，SAAS Neyshabouri，2012. Experimental study on scour around a t-shaped spur dike in a channel bend[J]. Journal of Hydraulic Engineering，138(5)：471-474.

Yossef M F M，2010. Sediment exchange between a river and its groyne fields：mobile-bed experiment[J]. Journal of Hydraulic Engineering，136(9)：610-625.

Yue S，2001. A statistical measure of severity of EI Nino events[J]. Stochastic Environmential Research and Risk Assessment(15)：173-184.

# 彩　图

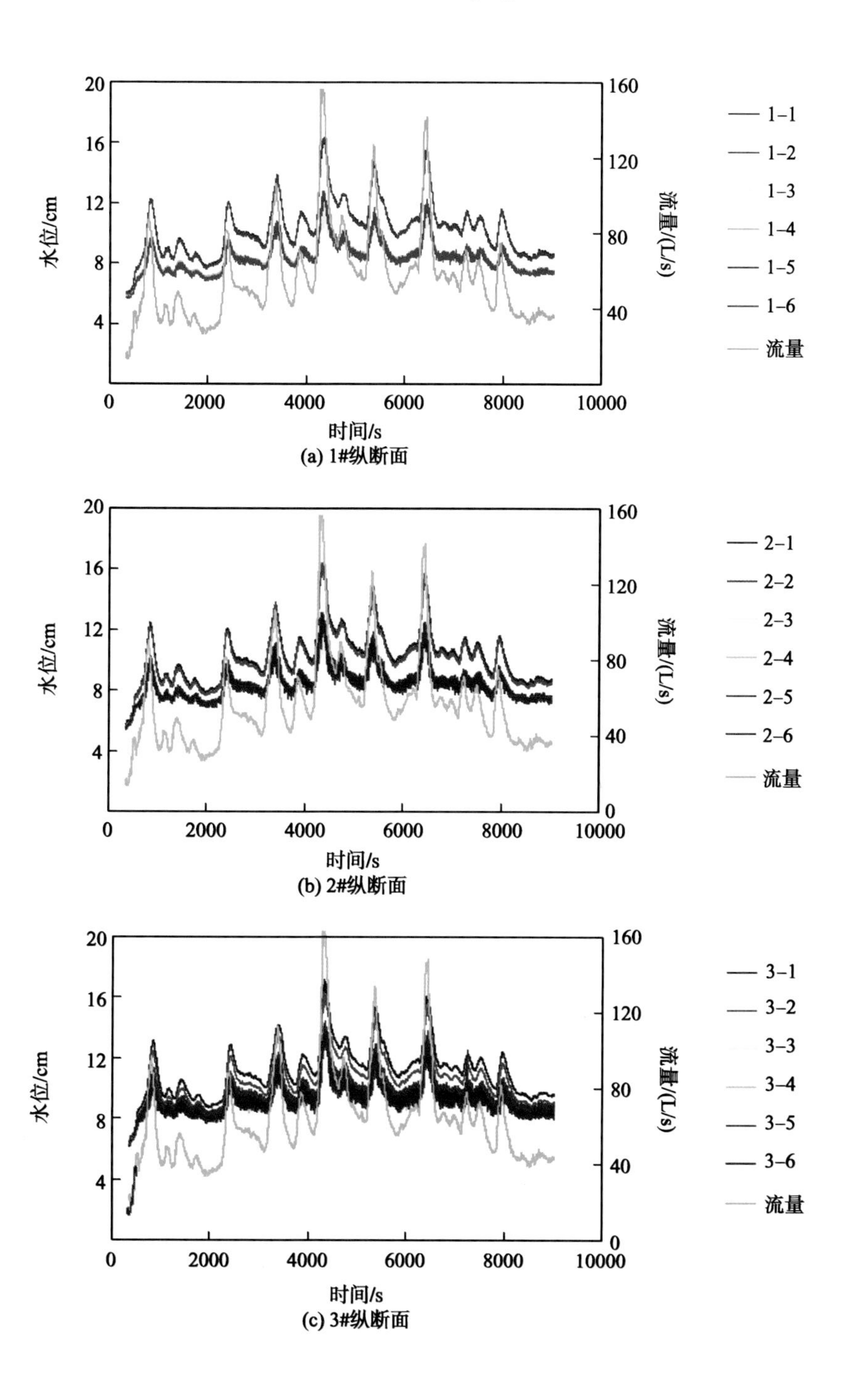


(a) 1#纵断面

(b) 2#纵断面

(c) 3#纵断面

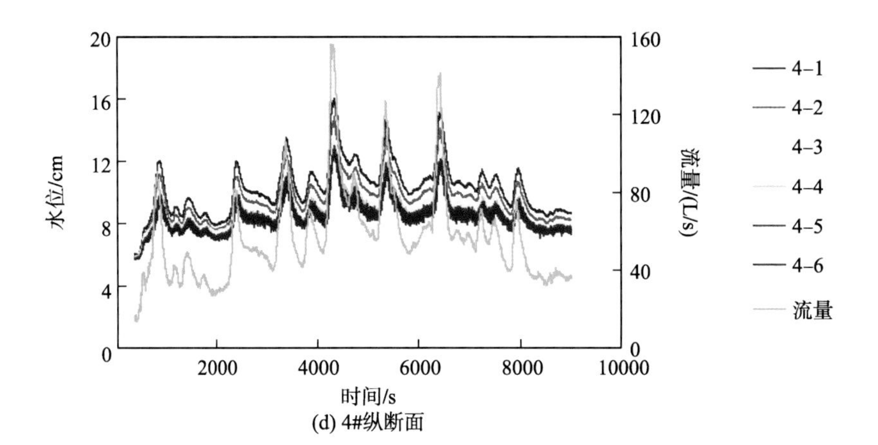

(d) 4#纵断面

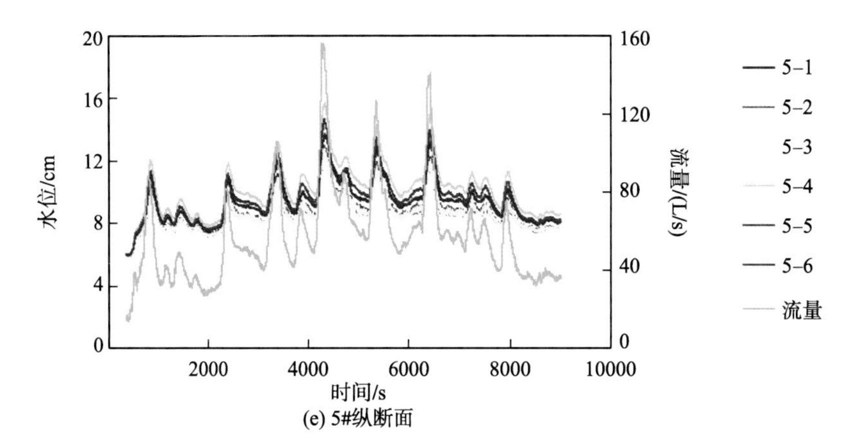

(e) 5#纵断面

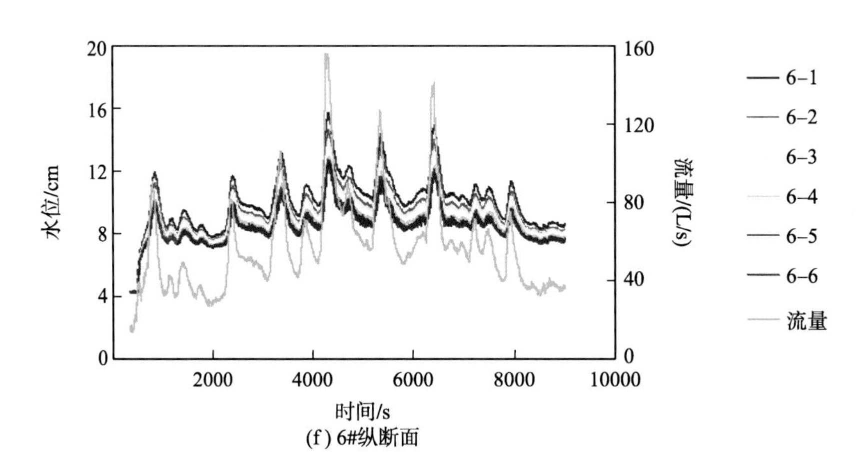

(f) 6#纵断面

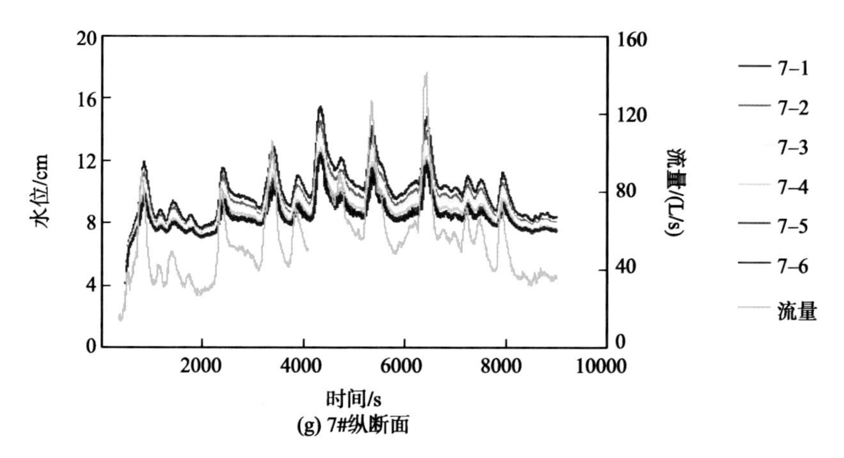

(g) 7#纵断面

图 5-3　工况 2 各测点水位随时间变化及与流量的对应关系

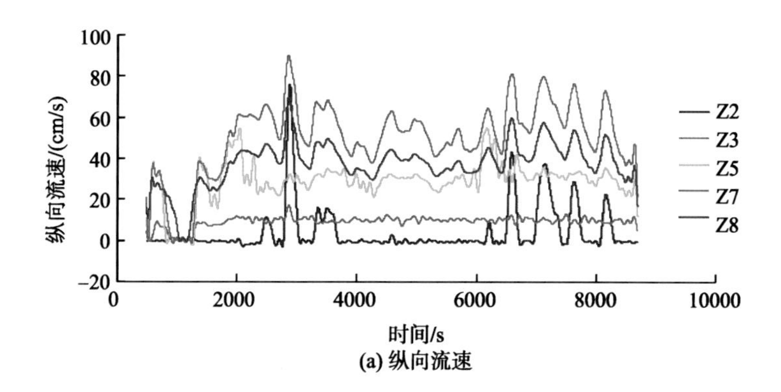

(a) 纵向流速

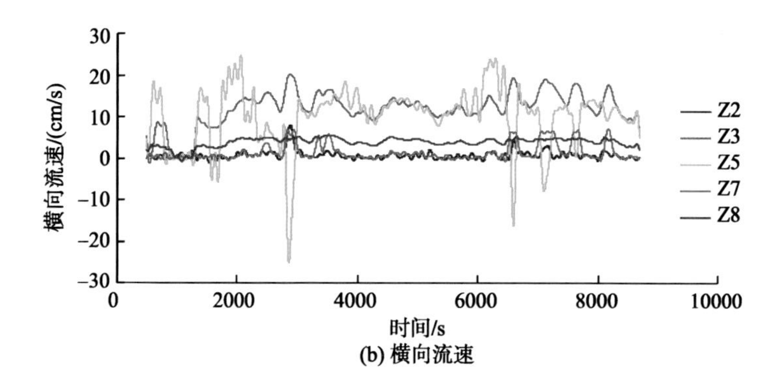

(b) 横向流速

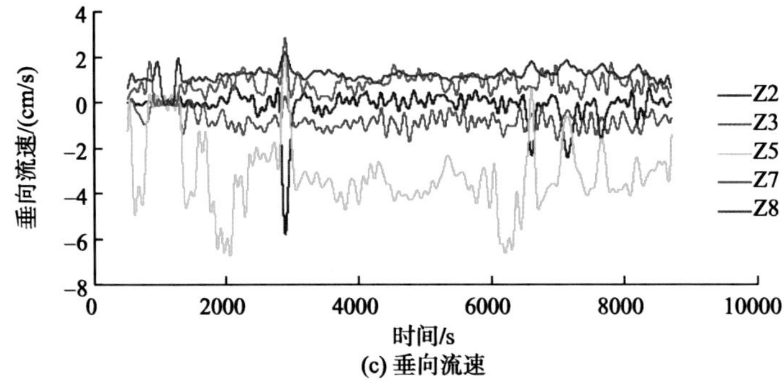


(c) 垂向流速

图 5-20　工况 3 各测点三维流速变化过程

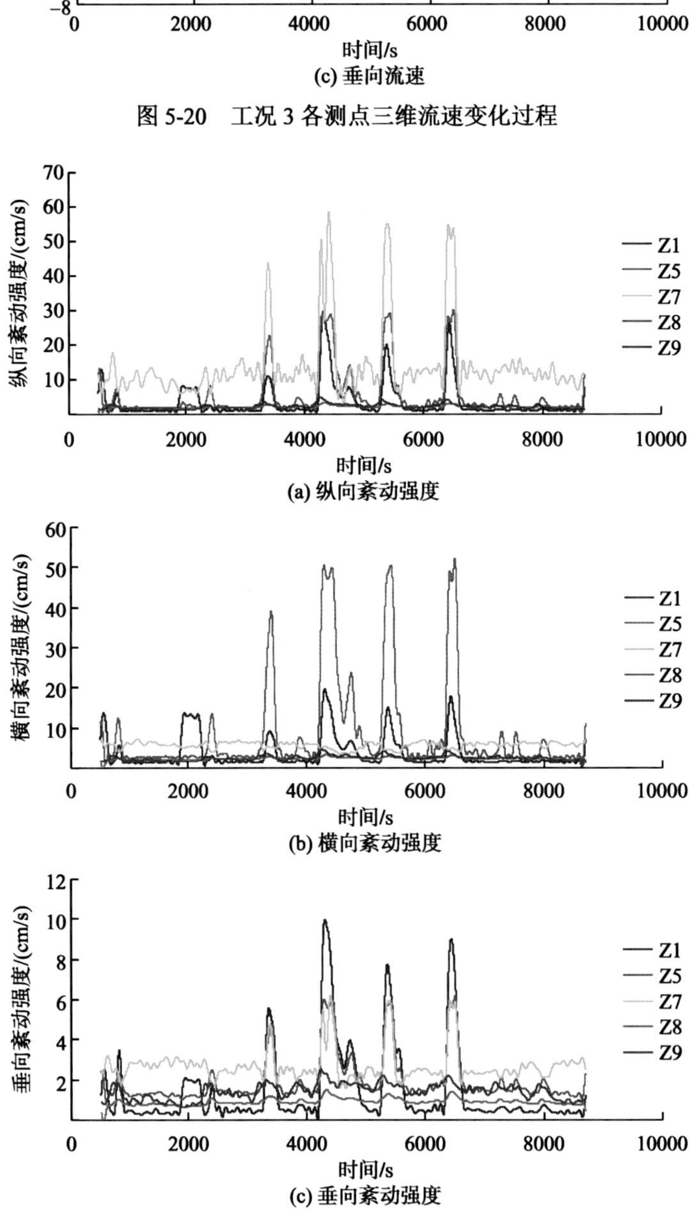


图 5-24　工况 2 各测点三维紊动强度变化过程(后附彩图)

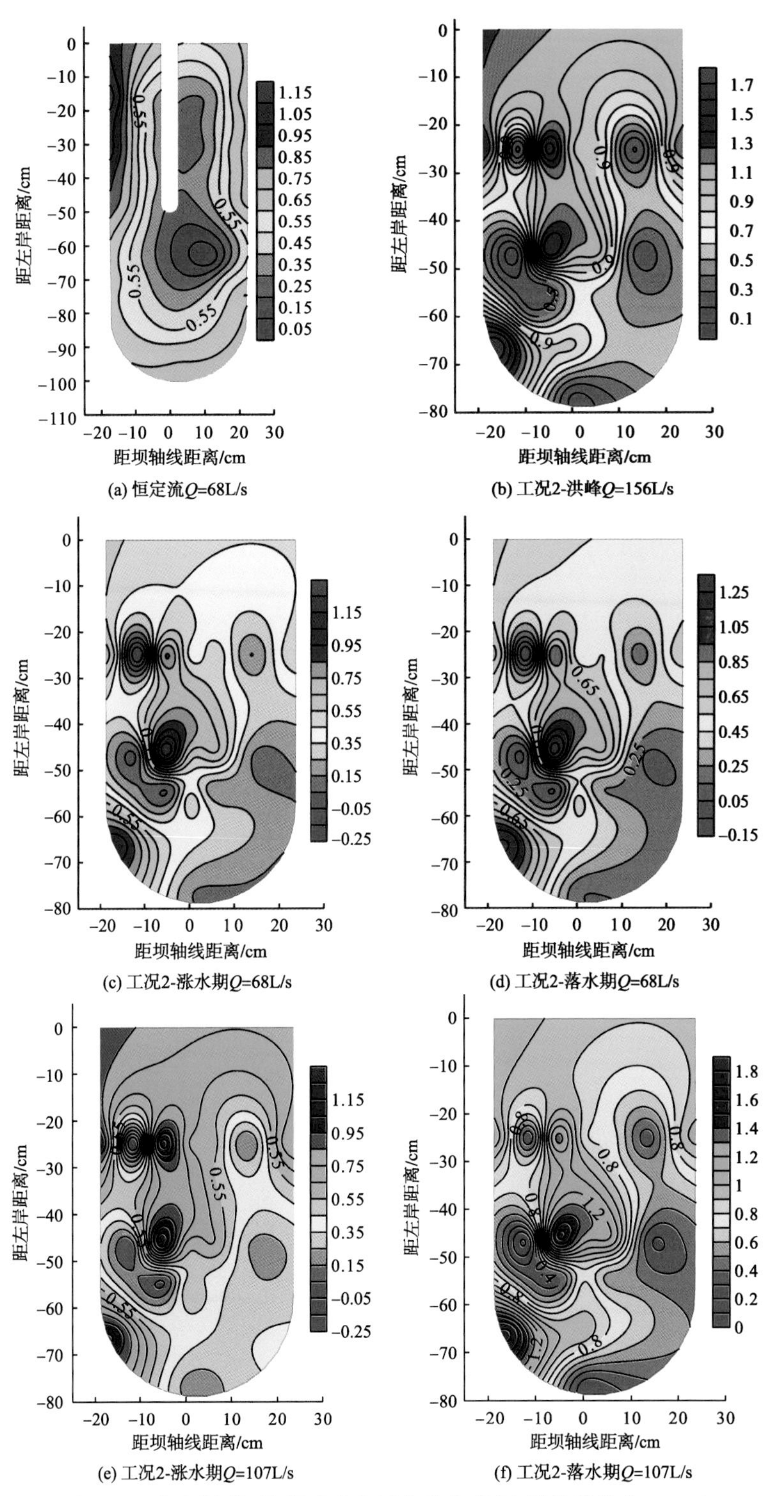


(a) 恒定流$Q$=68L/s

(b) 工况2-洪峰$Q$=156L/s

(c) 工况2-涨水期$Q$=68L/s

(d) 工况2-落水期$Q$=68L/s

(e) 工况2-涨水期$Q$=107L/s

(f) 工况2-落水期$Q$=107L/s

图 6-7　不同时刻坝体所受动水压力分布(图中等值线单位：kPa)

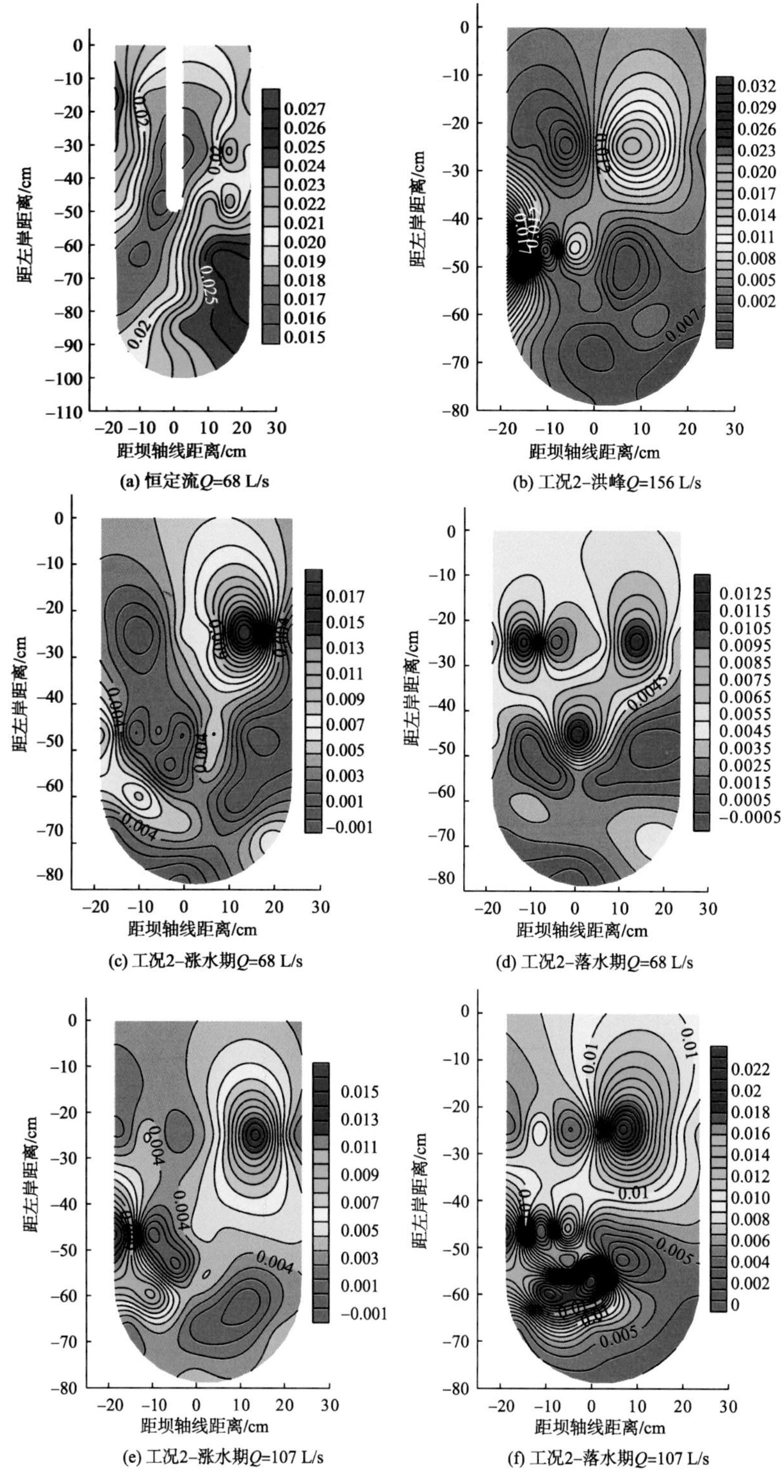


图 6-8　不同时刻坝体所受脉动压力分布(图中等值线单位：kPa)

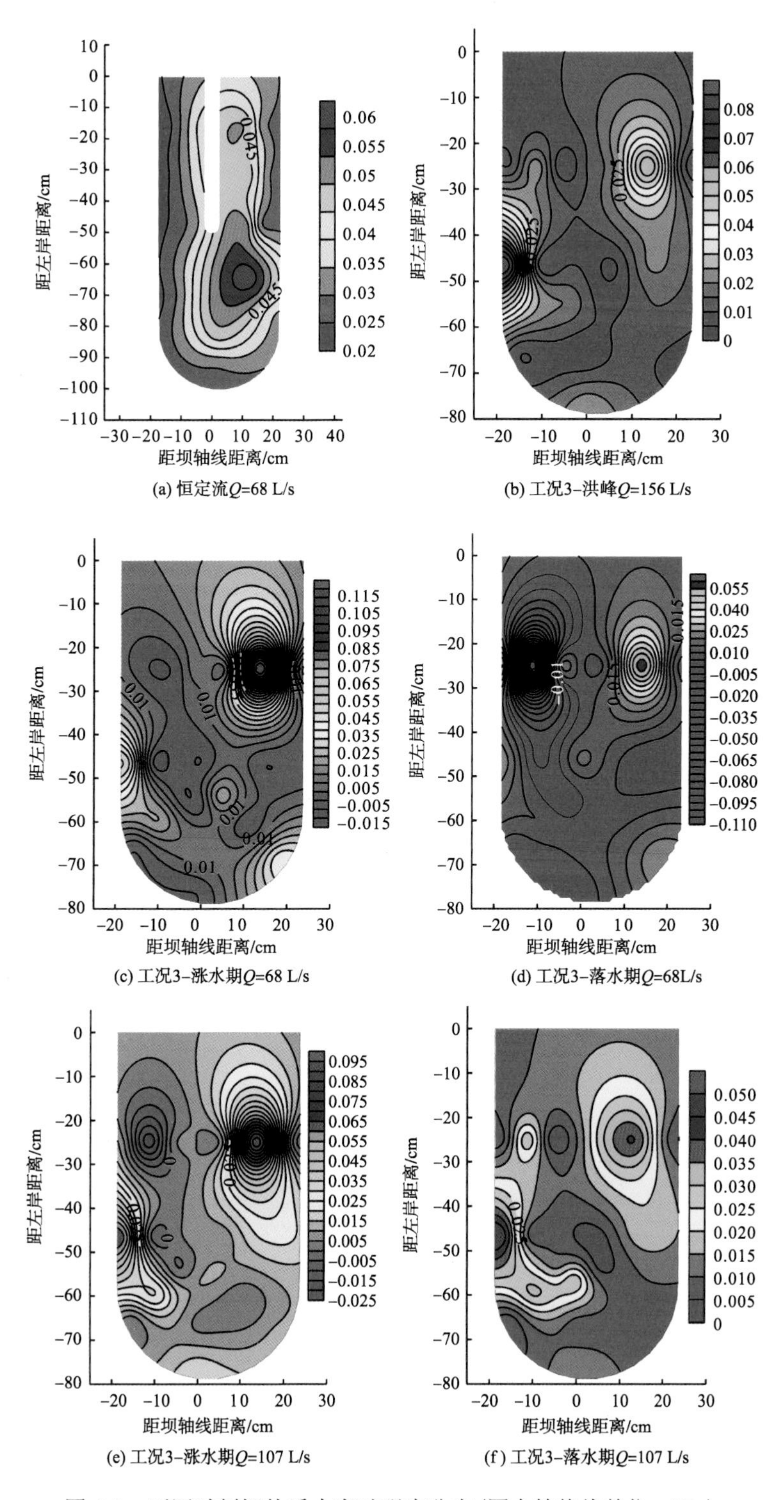


(a) 恒定流$Q$=68 L/s

(b) 工况3−洪峰$Q$=156 L/s

(c) 工况3−涨水期$Q$=68 L/s

(d) 工况3−落水期$Q$=68L/s

(e) 工况3−涨水期$Q$=107 L/s

(f) 工况3−落水期$Q$=107 L/s

图 6-9 不同时刻坝体受力紊动强度分布(图中等值线单位：kPa)

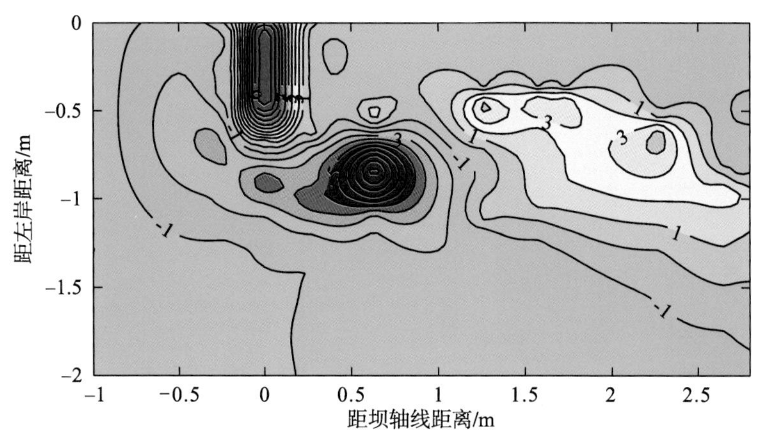


(a) 20年一遇(Q30T18)–50 cm正挑圆弧直头

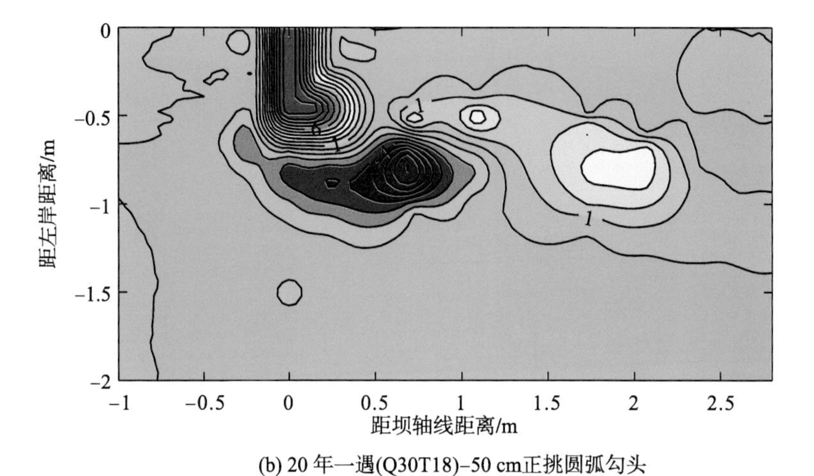


(b) 20 年一遇(Q30T18)–50 cm正挑圆弧勾头

图 7-9　坝头型式不同时最终冲刷地形等值线图(单位：cm)

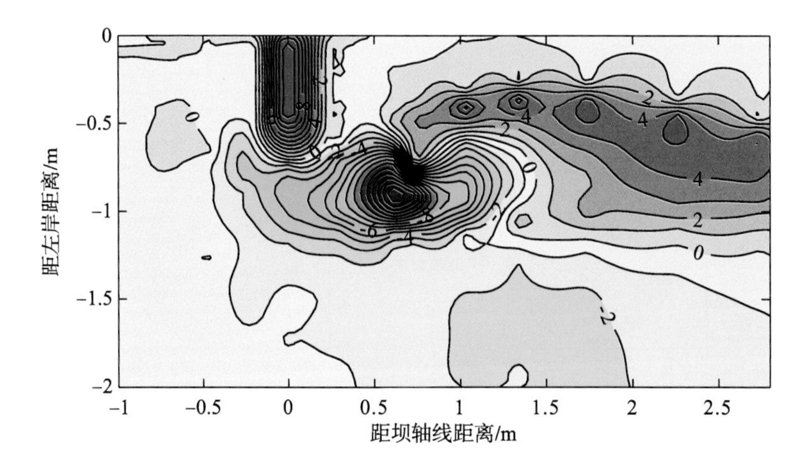

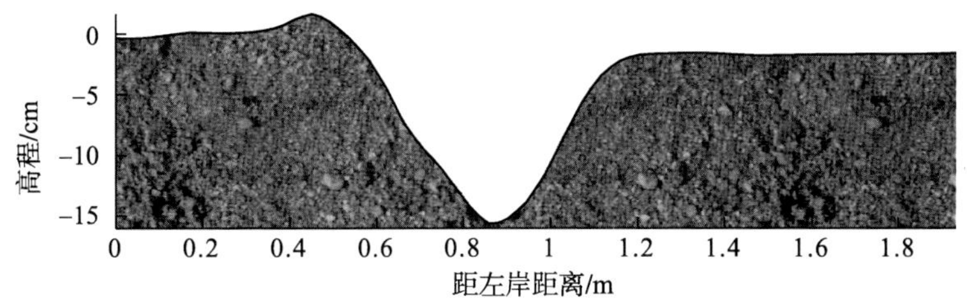


(a) 10年一遇(Q12.38W20)−50 cm正挑圆弧直头

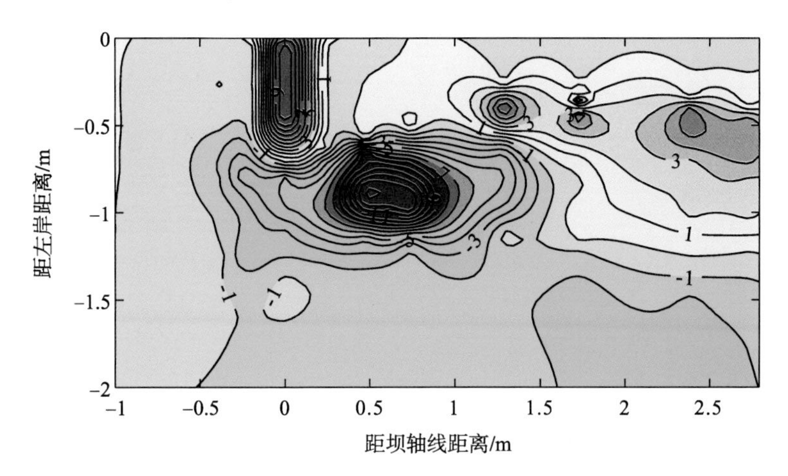


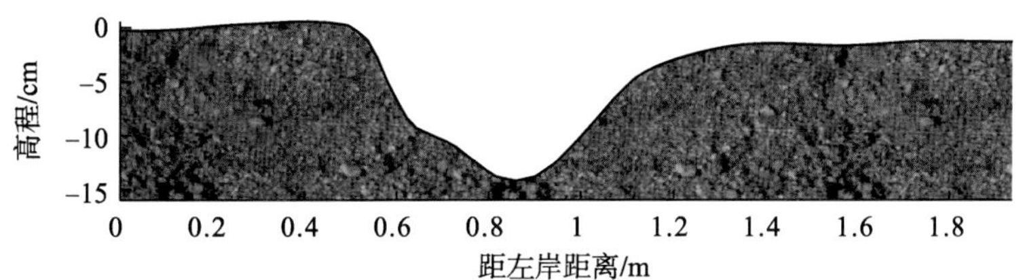


(b) 10年一遇(Q20W12.38)−50 cm正挑圆弧直头

图 7-10　年最大洪峰流量与半月最大洪量遭遇冲刷地形及最大冲深横剖面图(单位：cm)

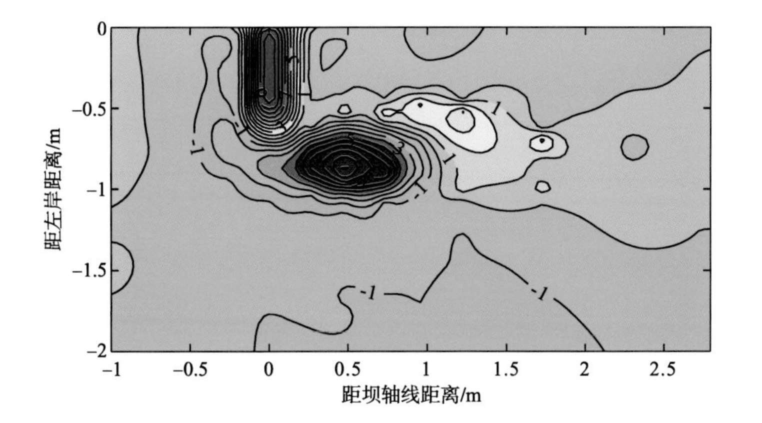

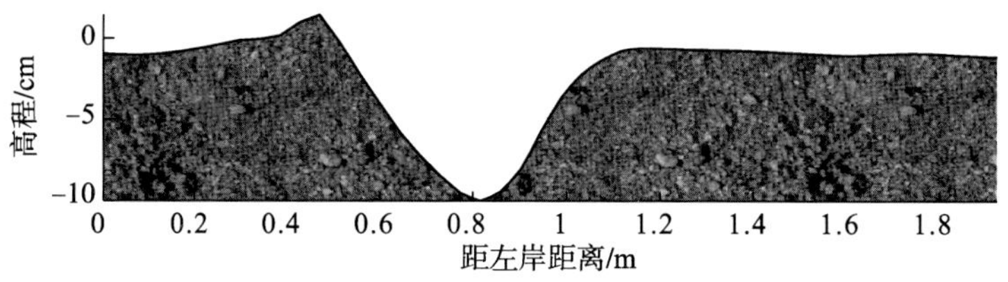


(a) 5年一遇(Q30T70)−50 cm正挑圆弧直头

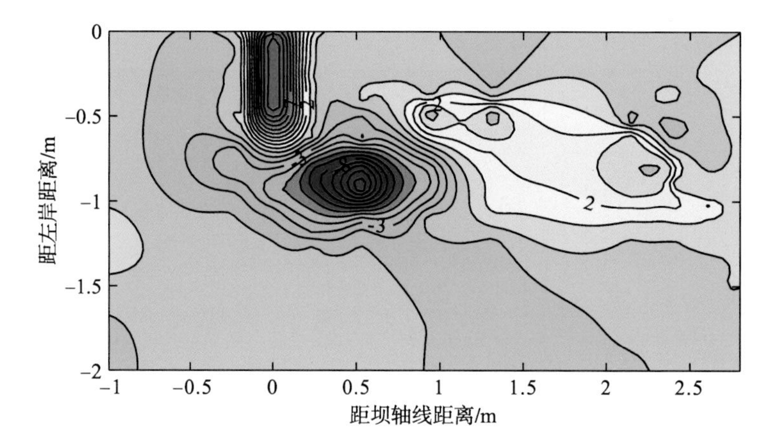


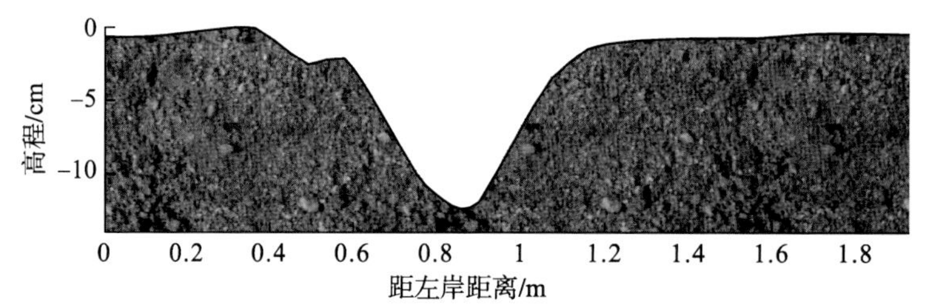


(b) 5年一遇(Q58.35T35)−50 cm正挑圆弧直头

图 7-11　年最大洪峰流量与洪水有效周期遭遇冲刷地形及最大冲深横剖面图(单位：cm)